十四五
冶金工业出版社

高职高专“十四五”规划教材

工程材料与热处理

主　编　张　顺　丁亚茹
副主编　张丽红

北　京
冶金工业出版社
2024

内 容 提 要

本书以项目形式对材料的组织结构、性能改进、试验设计以及工程应用等进行了详细介绍。全书共分七个项目，包括绪论、工程材料的性能、金属材料的结构与组织、铁碳合金的相图、钢的热处理、工业用钢、铸铁等。

本书可作为高等职业院校材料类、冶金类、机械类专业的基础课教材，也可作为相关专业人员的培训教材或参考书。

图书在版编目(CIP)数据

工程材料与热处理/张顺，丁亚茹主编.—北京：冶金工业出版社，2024.2
高职高专“十四五”规划教材
ISBN 978-7-5024-9766-8

Ⅰ.①工…　Ⅱ.①张…　②丁…　Ⅲ.①工程材料—高等职业教育—教材　②热处理—高等职业教育—教材　Ⅳ.①TB3　②TG15

中国国家版本馆 CIP 数据核字(2024)第 027301 号

工程材料与热处理

出版发行	冶金工业出版社	**电　话**	(010)64027926
地　址	北京市东城区嵩祝院北巷 39 号	**邮　编**	100009
网　址	www.mip1953.com	**电子信箱**	service@mip1953.com

责任编辑　杨　敏　美术编辑　吕欣童　版式设计　孙跃红　郑小利
责任校对　梁江凤　责任印制　范天娇
三河市双峰印刷装订有限公司印刷
2024 年 2 月第 1 版，2024 年 2 月第 1 次印刷
787mm×1092mm　1/16；9.25 印张；222 千字；141 页
定价 35.00 元

投稿电话　(010)64027932　投稿信箱　tougao@cnmip.com.cn
营销中心电话　(010)64044283
冶金工业出版社天猫旗舰店　yjgycbs.tmall.com
(本书如有印装质量问题，本社营销中心负责退换)

前　言

“工程材料与热处理”是高等职业技术学院材料类、冶金类、机械类专业的基础课程之一，是高等职业技术学院材料类、冶金类专业的必修课程。

《工程材料与热处理》是一本校企合作教材，主要由内蒙古机电职业技术学院、内蒙古北方重工业集团有限公司、内蒙古第一机械集团股份有限公司、中核北方核燃料元件厂有限公司有关人员合作编写而成。本书详细介绍了工程材料的性能、金属材料的结构与组织、铁碳合金的相图、钢的热处理、工业用钢、铸铁等内容，并在各部分内容中增加了工程材料知识在焊接生产中应用的内容。本书按照理实一体项目教学要求，以教学项目组合内容，将教学知识点划分为各教学任务。

本书由内蒙古机电职业技术学院张顺、丁亚茹担任主编，张丽红担任副主编，内蒙古北方重工业集团有限公司张建军、内蒙古第一机械集团股份有限公司王艳丽、中核北方核燃料元件厂有限公司刘雪参编。具体编写分工为：张顺编写项目一、项目二和项目三，张丽红编写项目四，丁亚茹编写项目五和项目七，张建军、王艳丽和刘雪合作编写项目六。全书由丁亚茹负责统稿。

本书的出版得到了内蒙古机电职业技术学院有关领导及同事的大力支持，同时在编写过程中，参考了相关文献，在此对相关领导、同事及文献作者一并表示衷心的感谢。

由于编者水平所限，书中不足之处，敬请读者批评指正。

编　者

2023年10月

目 录

项目一　绪　　论

【项目简介】

工程材料是生产制造各类机械、设备的基础和机械加工的对象。它的应用就是将原材料进行加工成型、改性转变为生活和生产所需的产品。

本项目的重点是掌握工程材料的分类以及应用。难点是不同工程材料的应用选择。

【任务解析】

表 1-1　项目一任务解析

任务序号	任务名称	任务主要内容	建议课时	备注
任务一	工程材料的应用领域	了解工程材料的应用	0.5	中高职使用
任务二	工程材料的分类	掌握工程材料是如何分类的	1	中高职使用
任务三	工程材料的未来	了解工程材料发展的趋势和意义	0.5	中高职使用

任务一　工程材料的应用领域

【任务介绍】

本任务主要是了解工程材料的应用。

【相关知识】

工程材料是重要的基础原材料，在国民经济生产和人们社会生活中扮演着极其重要的角色。

材料是人类生活和生产的物质基础，它的发展也是衡量人类社会发展程度以及生产力发展水平的标准。根据人类社会发展过程中所使用的材料，其发展历程可以划分为石器时代、青铜器时代、铁器时代，目前正处于向新材料（高性能新型结构材料、机敏智能型功能材料）过渡的时代。

材料、能源、信息是社会文明和进步的三大支柱，而能源和信息的发展又依赖于材料的发展，因此材料科学的研究与进步在生活和生产中具有举足轻重的地位，现今传统材料已有几十万种，同时新的材料还在不断地开发，这些材料的发展给社会生产和人们生活带来巨大的变化，材料的品种、数量和质量的高低成为衡量一个国家科学技术、国民经济水平和国防力量的重要标志之一。

目前机械制造业正朝着高速、自动、精密方向迅速发展，对材料的数量和质量都提出了越来越高的要求。在机械产品的设计和制造过程中，所遇到的工程材料方面的问题日益增多，机械工业与材料学科之间的关系愈加密切。实践表明，合理选用材料、适当确定热处理工艺、妥善安排工艺路线，在充分发挥材料本身的性能潜力、保证材料具有良好的工艺性能、获得理想的使用性能、提高产品零件的质量、节省材料、降低生产成本等方面有着重要的意义。实际工作中，往往因为选材不当或热处理方法不妥，使机械零件的使用性能达不到规定的技术要求，从而导致使用中发生过早损坏，如产生变形、断裂、磨损等。因此，工程材料知识对于机械加工行业的从业人员来说是必须具备的知识之一。

工程材料是指具有一定性能，在特定条件能够发挥某种作用，被用来制取零件和工件的材料。工程材料按照成分和特点，通常分为金属与非金属材料两类，其中金属材料应用最为广泛，尤其是钢铁材料的应用，在机械制造中占有很高的比例。这主要是由于金属材料具有其他材料无法比拟的优秀的力学性能、工艺性能和物理化学性能。工程材料应用广泛，因而分类也多种多样。

任务二　工程材料的分类

【任务介绍】

本任务主要是了解工程材料的分类。

【相关知识】

工程材料常按照其组成特点、使用性能和应用领域三方面分类。

一、按工程材料的化学组成分类

（1）金属材料。金属材料可以分为黑色金属（以钢和铸铁为主）和有色金属（除铁、铬、锰 3 种金属以外的所有金属材料）。有色金属种类有很多，按照它们的特性不同，又分为轻金属、重金属、贵金属、稀有金属、放射性金属等。目前金属材料仍然是应用最广泛的工程材料，而钢和铸铁又是金属材料中应用最多的。

（2）无机非金属材料。无机非金属材料是由硅酸盐、铝酸盐、硼酸盐、磷酸盐、锗酸盐等原料和（或）氧化物、氮化物、碳化物、硼化物、硫化物、硅化物、卤化物等原料经一定的工艺制备而成的材料，包括水泥、玻璃、耐火材料和陶瓷等。它们的主要原料是硅酸盐产物，又称硅酸盐材料。其中以陶瓷应用最广泛，由于制备技术的进步，开发了很多新的陶瓷材料，它们的强度和韧性优于传统陶瓷，可以用于高温、耐蚀条件下的结构件来代替成本更高的金属材料，无机非金属材料的出现是材料发展史上的里程碑。

1）陶瓷。陶瓷是陶器与瓷器的统称，陶与瓷的质地不同，性质各异。陶是以黏性较高、可塑性较强的黏土为主要原料制成的，不透明，有细微气孔和微弱的吸水性，击之声浊。瓷是以黏土、长石和石英制成的，半透明，不吸水、抗腐蚀，胎质坚硬紧密，叩之声脆。

传统陶瓷又称普通陶瓷，是以黏土等天然硅酸盐为主要原料烧成的制品，现代陶瓷又称新型陶瓷、精细陶瓷或特种陶瓷。普通陶瓷主要原料是黏土、石英和长石，通过调整比例，可得到不同的抗电性能、耐热性能和力学性能，其硬度很高，但脆性大，绝缘性和耐蚀性极好，常应用于日用生活和机械制造领域。特种陶瓷按应用分为特种结构陶瓷和功能陶瓷两类，如压电陶瓷、磁性陶瓷、电容器陶瓷、高温陶瓷等。

2）玻璃。玻璃是由多种无机矿物（如石英砂、硼砂、硼酸、重晶石、碳酸钡、石灰石、长石等）为主要原料，加入少量辅助原料制成的。

按生产工艺，玻璃分为热熔玻璃、钢化玻璃、夹层玻璃、浮雕玻璃、锻打玻璃、琉璃玻璃、中空玻璃、调光玻璃等；按生产方法，玻璃主要分为平板玻璃和深加工玻璃。玻璃无固定熔点，各向同性，具有良好的透视、透光性能和较高的化学稳定性，主要应用于建筑、航空航天、机械制造、医疗等行业领域。

3）水泥。水泥是指粉状水硬性无机胶凝材料。其加水搅拌后成浆体，能在空气中硬化或者在水中硬化，并能把砂、石等材料牢固地胶结在一起。

（3）高分子材料。高分子材料是碳、氢的聚合物。按材料来源可分为天然高分子材料（蛋白、淀粉、木材、油脂等）和人工合成高分子材料（塑料、橡胶、黏结剂、涂料等）。随着高压聚合工艺的发展，高分子化合物的性能特别是物理、化学、生物性能有了特别大的进步，应用前景也更加广阔。

1）塑料。塑料是以合成树脂为主要成分，加入各种添加剂，在加工过程中能塑制成型的有机高分子材料。其具有质轻、绝缘、减摩、耐蚀、消声、吸振、价廉和美观等优点，已成为人们日常生活生产中不可或缺的材料之一，并且越来越多地应用于各工业部门及各类工程结构中。

塑料按使用范围分类可分为通用塑料和工程塑料。通用塑料产量大，用途广，价格低廉，主要指通用性强的聚乙烯、聚氯乙烯、聚苯乙烯、酚醛塑料等。工程塑料力学性能比较好，可以在一些场合代替金属材料在生产加工中应用，常用的工程塑料有聚酰胺（尼龙）、聚甲醛、酚醛塑料、有机玻璃和 ABS 等，它们常具有较高的强度、韧性和刚度，而且耐热性、耐蚀性、耐辐射性和尺寸稳定性较好。

按受热性能分类，塑料可分为热塑性塑料和热固性塑料。热塑性塑料是一类在一定温度下具有可塑性，冷却后固化且能重复这种过程的塑料。主要有聚烯烃（乙烯基类、烯烃类、苯乙烯类等）、纤维素类、聚醚聚酯类及芳杂环聚合物类等。它们具有优良的力学性能，如强度、弹性和抗弯曲疲劳性都比较高，且耐热性和化学稳定性好。热固性塑料以热固性树脂为主要成分，配合以各种必要的添加剂通过交联固化过程成型成制品的塑料。其主要有酚醛塑料、环氧塑料、氨基塑料等。它们的强度、硬度高，耐热性、耐腐蚀性、耐水性、耐溶剂性好。

2）橡胶。橡胶是具有高弹性的高分子材料，在较小的载荷下就能产生很大的变形，当载荷去除后又能很快恢复原状，是常用的弹塑性材料、密封材料、传动材料、防振和减振材料。

橡胶按来源不同分类可分为天然橡胶与合成橡胶。天然橡胶是橡胶树的液状乳汁经采集和适当加工而成的，天然橡胶的主要化学成分是聚异戊二烯；合成橡胶主要成分是合成高分子物质，其品种较多，丁苯橡胶和顺丁橡胶是较常用的合成橡胶。橡胶具有极好的弹性、高的可挠性、断后伸长率大、耐磨性好、电绝缘性好、耐蚀性高、隔声、吸振以及与其他物质易于黏结等优点。

在工业生产中，橡胶主要用于生产轮胎、动静密封元件，如旋转轴密封、管道接口密封；各种胶管，如用于输送水、油、气等的管路；减振件，如机座减振垫片、汽车底盘橡胶弹簧；传动件，如传输带、传动滚子；绝缘材料，如电线、电缆外皮。

3）纤维。纤维是指由连续或不连续的细丝组成的物质，是长度比其直径大100倍、均匀条状或丝状的高分子材料。

纤维包括天然纤维和合成纤维。天然纤维是自然界存在的，可以直接取得的纤维，根据其来源分成植物纤维、动物纤维和矿物纤维三种。植物纤维由植物的种子、果实、茎、叶等处得到的纤维，动物纤维是由动物的毛或昆虫的腺分泌物中得到的纤维，矿物纤维是从纤维状结构的矿物岩石中获得的纤维。合成纤维是从一些本身并不含有纤维素或蛋白质的物质，如石油、煤、天然气、石灰石或农副产品，先合成单体，再用化学合成与机械加工的方法制成纤维。合成纤维主要分为6大类：涤纶又叫的确良，高强度、耐磨、耐蚀、易洗快干，是很好的衣料；尼龙也称为锦纶，强度大、耐磨性好、弹性好，主要缺点是耐光性差；腈纶，其质地柔软、轻盈，保暖好，有人造毛之称；维纶，生产成本低，性能与棉花相似且强度高，但弹性较差，织物易皱；丙纶，以轻、结实、耐磨著称，缺点是可染性差，日晒易老化；氯纶阻燃、保暖、耐磨、耐晒，弹性好，由于染色性差、热收缩大，限制了使用。

4）涂料。涂料俗称油漆，是有机高分子胶体混合溶液，涂在物体表面上能干结成膜。

涂料由黏结剂、颜料、溶剂和其他辅助材料组成。

酚醛树脂涂料是应用最早的合成涂料，有清漆、绝缘漆、耐酸漆和地板漆等。

（4）复合材料。复合材料由可以承受载荷作用的增强材料和连接增强材料的基本材料复合而成。在实际使用过程中发现多数金属材料不耐腐蚀，无机非金属材料塑性、韧性差，高分子材料硬度低又不耐高温，因而，为了取长补短，人们把其中的两种或两种以上的不同材料组合起来，使它们更好地发挥各自优势的同时弥补它们的劣势，就构成了复合材料。

复合材料按基体类型可分为金属基复合材料、高分子基复合材料和陶瓷基复合材料三种；按增强材料类型分为纤维增强复合材料、粒子增强复合材料和层叠复合材料三种；按用途又可分为结构复合材料和功能复合材料。

二、按工程材料的使用性能分类

（1）结构材料。结构材料是用来制造承受载荷、传递动力的零件和构件的材料。它具有高的强度、硬度、耐磨性、塑性、韧性、疲劳强度等力学性能，结构材料在机械制造、石油化工、交通运输、航空航天、建筑工程等行业占有举足轻重的地位，它可以是金属材料、高分子材料、陶瓷材料或复合材料。

（2）功能材料。功能材料是用来制造具有特殊性能的元件的材料。它具有优良的光、电、声、磁、热等物理性能，如大规模集成电路材料、信息记录材料、光学材料、激光材料、超导材料、传感器材料、储氢材料等都属于功能材料。目前功能材料在通信、计算机、电子、激光和空间科学等领域中扮演着极其重要的角色。

任务三 工程材料的未来

【任务介绍】

本任务主要是了解工程材料的发展趋势。

【相关知识】

工程材料的发展趋势是随着使用性能的要求逐渐发展的。

目前来看，我国经济仍然会保持稳步增长，内需仍然在拉动商品市场的需求，机械制造、电子通信、建筑建材、办公器材、生活用品等产业将拉动工程材料的市场需求持续增加，材料技术含量也将不断提高，工程材料将朝着高强、高耐、高温、高压、高耐蚀等方向发展，对材料的数量和质量都提出了越来越高的要求，同时也会注重环保、节能等方面的探索和应用，以满足社会的需求。例如，纳米材料、生物材料等新型材料将得到广泛应用，轻质、高强、防火的新型建筑材料和高温、高强、耐腐蚀合金材料等也将迎来广泛的应用。新型工程材料的研发和应用将成为工程领域的重点，这对我国全面建成社会主义现代化强国具有十分重要的意义。

思考题与习题

1-1 什么是材料，什么是工程材料？

1-2 工程材料是如何分类的？

1-3 试举出你身边的几个不同种类工程材料的应用实例。

1-4 简述工程材料在机械制造过程中所发挥的作用和存在地位。

项目二　工程材料的性能

【项目简介】

不同类型的材料，性能也不尽相同，可应用于不同的结构件、零部件、工具或各种功能器件等。

选材时首先要考虑的就是工程材料的性能，其中包含了使用性能、加工性能和生产经济性等性能。

本项目的重点是掌握工程材料的力学性能；了解工程材料的物理性能、化学性能、工艺性能和经济性能。难点是工程材料的力学性能指标及其表征。

【任务解析】

表 2-1　项目二任务解析

任务序号	任务名称	任务主要内容	建议课时	备注
任务一	工程材料的力学性能	强度、塑性、硬度、冲击韧性、疲劳强度、断裂韧性	6+4	中高职使用
任务二	工程材料的物理化学性能	密度、熔点、热膨胀性、磁性、导电导热性；耐腐蚀性、抗氧化性	1	中高职使用
任务三	工程材料的其他性能	工艺性能；经济性能	1	中高职使用

任务一　工程材料的力学性能

【任务介绍】

工程材料实际使用占比较高的是结构材料，故工程材料的力学性能就显得尤为重要。本任务主要是掌握不同力学性能指标的意义和测定表征。

【相关知识】

工程材料的力学性能指标主要有强度、塑性、硬度、冲击韧性和疲劳强度等。

在机械制造过程中，首先必须考虑的就是材料的性能是否能够满足使用要求，即它的使用性能、工艺性能和经济性能，它们决定了产品在实际使用时的适用范围大小、使用寿命长短和安全可靠性程度、加工制造的难易程度以及经济性能，高性能材料制备技术是推动企业发展的源动力。

使用性能一般指材料在使用过程中所体现的性能，如力学性能、物理性能和化学性能。

工艺性能主要是指材料在加工制造过程中所体现的性能，常分为冷加工性能（如切削加工性能、冷轧性能、冷冲压性能等）和热加工性能（如铸造性能、锻压性能、焊接性能和热处理性能）。实际生产中还有一个必不可少的性能就是材料经济性能，它是核算生产成本时所体现的性能，是企业合理选择材料、科学把控材料成本，实现生产效益最大化的关键考量标准，更是企业生存的命脉。

力学性能是指金属材料在外力作用下材料所表现出的抵抗能力，也称机械性能，它的性能指标主要有强度、塑性、硬度、冲击韧性和疲劳强度等。

金属材料目前应用较多，特别是钢铁材料应用最为广泛，在机械制造领域占比也最高，下面就以金属材料为代表来学习材料的力学性能。

一、强度和塑性

（一）强度

材料在外力作用下抵抗塑性变形或断裂的能力称为强度，是非常重要的力学性能指标，常采用拉伸试验方法测定。

拉伸试验是在材料试验机上用静拉力对拉伸试样进行轴向拉伸的试验。将标准试样装在拉伸试验机的上下夹具上，启动试验机，缓慢加载拉伸，随载荷增加，试样逐渐伸长变形直至拉断。

1. 拉伸试样

试验采用的拉伸试样通常为圆柱形，其尺寸符合国家标准。拉伸试样如图 2-1 所示，d_0 为标准试样的原始直径，L_0 为标准试样的原始标距长度；d 为试样断口处的直径，L 为拉断试样对接后测出的标距长度。试样有短试样（$L_0=5d_0$）和长试样（$L_0=10d_0$）两种，且 L_0 和 d_0 有规定的标准值，一般 L_0 为 100 mm 或 50 mm。

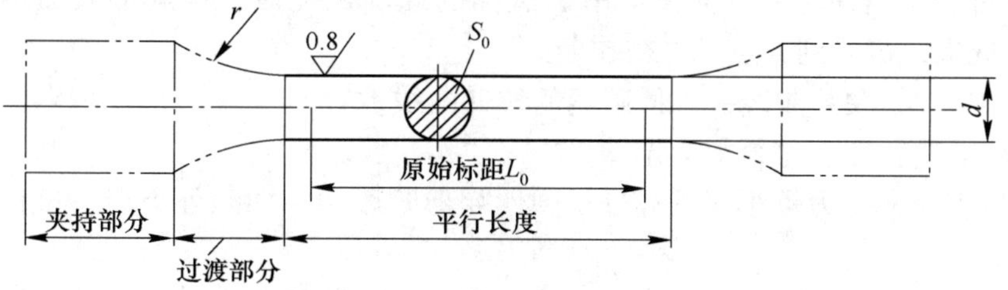

图 2-1　标准拉伸试样图形

试验：退火低碳钢的静拉伸试验。

条件：室温；均匀加载；试样应变速度≤10^{-1}/s。

应力：

$$\sigma=\frac{F}{A_0} \tag{2-1}$$

式中　F——加载载荷，N；

A_0——试样的横截面积，mm^2。

应变：

$$\varepsilon = \frac{\Delta L}{L_0} \tag{2-2}$$

式中　ΔL——试样的伸长量，$\Delta L = L - L_0$，mm；

L_0——试样的原长，mm。

2. 拉伸曲线

拉伸曲线如图 2-2 所示。

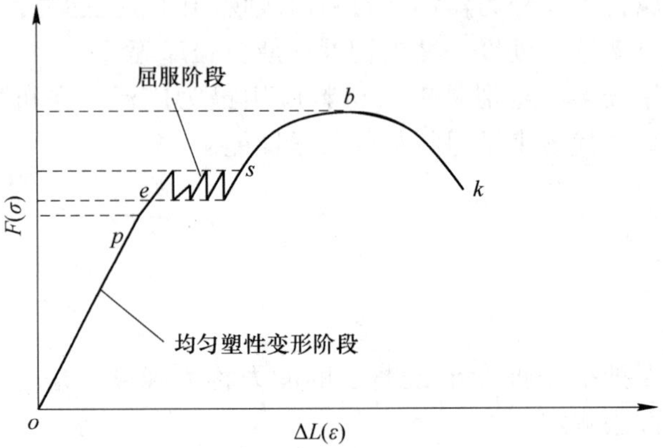

图 2-2　低碳钢的拉伸曲线

拉伸试验时，记录装置会记录下拉伸过程中拉力大小（F）。当拉力不断增加超过 F_p 时，试样将产生塑性变形，卸载后变形不能完全恢复，塑性伸长将被保留下来。当拉力继续增加到 F_e 时，拉伸曲线在 e 点后出现水平或锯齿形线段，表示拉力不再增加的情况下，试样也会继续伸长，这种现象称为“屈服”，水平段称为屈服阶段。当拉力超过 F_s 后，拉伸曲线上表现为上升曲线，表示随着拉力增大塑性变形继续增加。试样变形抗力也逐渐增大，即试样抵抗变形的能力将增强。此阶段称为均匀塑性变形阶段。当拉力增至最大值 F_b 时，试样伸长量迅速增大且伸长集中于试样的局部长度段，使局部截面迅速减小，形成“缩颈”现象，最后到 k 点试样被拉断。

$\sigma - \varepsilon$：$F - \Delta L$ 关系曲线——低碳钢的拉伸曲线。

op：σ 与 ε 成正比，符合胡克定律。

oe：近似直线，受力较小，试样处于弹性变形阶段——卸除外力后，试样恢复原来的尺寸和形状。

e 点以后：随着拉力的增加，产生塑性变形——卸除外力后，试样不能恢复原来的尺寸和形状，es 阶段（屈服阶段），出现锯齿或者平台，应力不增加或少许增加，试样继续拉长。

b 点：表示所承受拉力的最大值，b 点以后出现缩颈现象。

k 点：断裂。

由于拉伸过程中试样所受的拉力与伸长量不仅与试样本身的性能有关，还与试样的尺寸有关，为表示试样的真实受力及变形程度，常用到应力、应变的概念。试样单位面积上承受的力称为“应力”，用 σ 表示；试样的变形量与原始长度的百分比称为“应变”，用 ε

表示。强度是指材料抵抗塑性变形或断裂的能力。强度指标一般用应力来度量。指标有屈服强度与抗拉强度等，可由应力-应变曲线直接得出。

3. 屈服强度（屈服极限）

屈服强度是指材料对塑性变形的抵抗能力，试验过程中产生屈服时的应力，即对应于 F_s 时的应力值，旧标准用符号 σ_s 表示，现行国标 GB/T 228—2002 用符号 R_e 表示，单位为 MPa（N/mm^2）。

$$R_e = \frac{F_s}{S_0} \tag{2-3}$$

式中　F_s——试样屈服时的拉伸力，N；

S_0——试样原始横截面积，mm^2。

工业上使用的一些金属材料，如高碳钢、铝合金等，在进行拉伸试验时屈服现象不明显，也不会产生缩颈现象，测定很困难，因此规定一个相当于屈服强度的指标，以产生 0.2%塑性变形量时的应力值定为其屈服强度，根据测量方法的不同，分别用 $R_{p,0.2}$、$R_{r,0.2}$、$R_{t,0.2}$ 表示。

金属零件和结构在工作中一般是不允许产生塑性变形的，所以设计零件、结构时屈服强度 R_e 是重要的设计依据。

4. 抗拉强度（强度极限）

抗拉强度是指材料对断裂的抵抗能力，是试样断裂前能承受的最大应力值，旧标准用符号 σ_b 表示，现行国标 GB/T 228—2002 用符号 R_m 表示，单位为 MPa。

$$R_m = \frac{F_b}{S_0} \tag{2-4}$$

式中　F_b——试样承受的最大拉伸力，N；

S_0——试样原始横截面积，mm^2。

R_m 是材料由均匀塑性变形向局部集中塑性变形过渡的临界值，也是材料在静拉伸条件下的最大承载能力。抗拉强度表示材料抵抗断裂的最大能力，测试数据较准确，因此，有关手册和资料提供的设计、选材以抗拉强度 R_m 为指标。

（二）塑性

塑性是指断裂前材料产生塑性变形的能力。塑性也是通过拉伸试验测试的，用拉伸试样断裂时的最大相对变形量来表示金属的塑性指标，常用断后伸长率和断面收缩率表示。

1. 断后伸长率

拉伸试样在进行拉伸试验时，在拉力的作用下产生不断伸长的塑性变形。试样拉断后的伸长量与试样原始长度的百分比称为断后伸长率。旧标准用符号 δ 表示，现行国标 GB/T 228—2002 用符号 A 表示。

$$A = \frac{L - L_0}{L_0} \times 100\% \tag{2-5}$$

式中　L——试样拉断后的长度，mm；

L_0——试样原始长度，mm。

2. 断面收缩率

断面收缩率是指试样拉断后横截面积的最大缩减量与原始横截面积的百分比。断面收缩率，旧标准用符号 ψ 表示，现行国标 GB/T 228—2002 用符号 Z 表示。

$$Z = \frac{S - S_0}{S_0} \times 100\% \tag{2-6}$$

式中　S_0——试样原始横截面积，mm^2；

S——试样拉断后断口的横截面积，mm^2。

机械零件工作时突然超载，如果材料塑性好，就能先产生塑性变形而不会突然断裂破坏。所以，大多数机械零件除满足强度要求外，还必须有一定的塑性。但是，铸铁、陶瓷等脆性材料，塑性极低。

（三）拉伸试验

1. 试验目的

了解试验设备——万能材料试验机的构造和工作原理，掌握其操作规程及使用时的注意事项。

测定低碳钢和铸铁的力学性能。

通过试验数据对比分析低碳钢和铸铁的性能差异。

2. 试验设备和量具

量具：游标卡尺。

设备：万能材料试验机。

在材料力学试验中，最常用的机器是万能材料试验机，可以完成拉伸、压缩、剪切、弯曲等试验，故习惯上称为万能材料试验机，如图 2-3、图 2-4 所示。本书主要以液压式万能材料试验机为例进行介绍。

图 2-3　液压式万能材料试验机

图 2-4　微机控制落地门丝杠式万能材料试验机

（1）工作台。在试验机的底座上，装有两根固定立柱，立柱支承着固定横梁及工作油缸。开动油泵电动机带动油泵工作，将油箱里的油，经油管和送油阀送至工作台油缸，从而推动活塞，使上横梁、传力柱和活动平台向上移动。如将试件装于夹具上下夹头内，当活动平台向上移动时，因下夹具夹头不动，而上夹具夹头随着平台向上移动，则进行拉伸；如将试件放在活动平台的圆板上，当活动平台上升到试件与固定横梁上的垫板接触时，则进行压缩。做拉伸试验时，为了适应不同长度的试样，可开动下夹具夹头的电动机使之带动蜗杆、蜗杆带动蜗轮、蜗轮再带动丝杠，可控制下夹具夹头上、下移动，调整适当的拉伸空间。

（2）操作台。装在试验机上的试件受力后，它所受的力的大小，在不同时刻分别在测力表盘上直接读出。试件受了载荷的作用，工作油缸内的油就具有一定的压力。该压力的大小与试样所受载荷的大小成正比。而测力油管将工作油缸与测力油缸连通，则测力油缸就受到与工作油缸相等的油压。此油压推动测力活塞，带动传力杆，使摆杆和摆锤绕支点转动。试样受力愈大，摆的转角也愈大。摆杆转动时，上面的推杆上方推动水平齿条运动，从而使齿轮带动测力指针旋转，这样便可从测力度盘上读出试样受力的大小。摆锤的质量可以增减，一般试验机可以有 3 种锤重，故测力度盘上也相应有 3 种刻度，这 3 种刻度对应着机器的 3 种不同的量程。WE-30 型万能试验机有 0～60 kN、0～150 kN、0～300 kN 3 种测量量程。

3. 试验原理

为了检验低碳钢拉伸时的力学指标，应使试件轴向受拉直至断裂，在拉伸过程中以及试件断裂后，测读出必要的特征数据（如 F_s、F_b、L_0、L、d_0、d），经过计算，便可得到表示材料力学强度和塑性的指标：R_e、R_m、A、Z。

铸铁属脆性材料，轴向拉伸时，在变形很小的情况下就断裂，故一般测定其抗拉强度极限 σ_b。

4. 操作步骤

（1）加载前。测力指针应指在度盘的“零”点，否则必须加以调整。调整时，先开动油泵电动机，将活动平台升起 3～5 mm，然后稍微旋动摆杆上的平衡砣，使摆杆保持铅直位置，再转动水平齿条使指针对准“零”点。其先升起活动平台再调整零点的原因是上横梁、活动立柱和活动平台等有相当大的质量，要有一定的油压才能将它升起。但是这部分油压并未用来给试件加载，不应反映到试件载荷的读数中去。

（2）选择量程，装上相应的锤重。再一次校准“零”点。调好回油缓冲器的旋钮，使之与所选的量程相同。

（3）安装试样。压缩试件必须放置垫板。拉伸试件则须调整下夹具夹头位置，使拉伸区间与试样长短适应。注意：调整夹取下夹具夹头位置时，切记先停止电动机，然后再确定夹取位置，否则一旦夹紧后无法再改变夹取位置。

（4）安装调整好自动绘图仪的传动装置和笔、纸等。

（5）检查送油、回油阀，一定要注意它们均应在关闭位置。

（6）开动油泵电动机，缓缓打开送油阀，用慢速均匀加载，避免工件无法夹紧而脱扣。

（7）试验完毕，立即停止取下试样。这时关闭送油阀，缓慢打开回油阀，使油液泄回油箱，于是活动平台回到原始位置。最后关闭油泵，机器断电并清理机器。

5. 注意事项

（1）开车前和停车后，送油阀、回油阀一定要在关闭位置。加载、卸载和回油均应缓慢进行。加载时要求测力指针匀速平稳地走动，应严防送油阀开得过大，测力指针走动太快，致使试件受到冲击作用。

（2）拉伸试件夹住后，不得再调整下夹头的位置，否则带动下夹头升降的电动机会烧坏。

（3）机器运转时，操纵者必须集中注意力，中途不得离开，以免发生安全事故。

（4）试验过程中，不得触动摆锤，以免影响试验读数。

（5）在使用机器的过程中，如果听到异声或发生任何故障应立即停车（切断电源），进行检查和修复。

6. 试验数据处理及报告

试验数据处理及报告参考以下表格中的内容。

低碳钢、铸铁拉伸试验报告

一、试验目的

1. 测定低碳钢的强度（屈服极限 R_e 和抗拉强度 R_m）和塑性（断后伸长率 A 和断面收缩率 Z）。

2. 测定铸铁的抗拉强度 R_m。

3. 观察低碳钢拉伸过程中的各种阶段变化特点（如屈服阶段、均匀塑性变形阶段和缩颈），并绘制拉伸曲线。

4. 熟悉材料试验机和其他有关试验工具的使用。

二、试验标准及材料

GB/T 228.1—2010《金属材料　拉伸试验　第1部分：常温试验方法》

低碳钢、铸铁拉伸试样（棒材圆形截面比例试样）

三、试验设备及工具

1. 液压式万能材料试验机或微机控制落地门丝杠式万能材料试验机

2. 游标卡尺（测量结果保留两位小数，单位为mm）

四、试验原理（见前述学习内容）

五、试验内容及数据处理

1. 试样尺寸

<table>
<tr><td rowspan="4">材料名称</td><td></td><td colspan="9">试验前</td><td colspan="4">试验后</td></tr>
<tr><td rowspan="3">原始标距 L_0/mm</td><td colspan="9">原始直径 d_0/mm</td><td rowspan="3">断后标距 L/mm</td><td colspan="3">断后直径 d/mm</td></tr>
<tr><td colspan="3">截面1</td><td colspan="3">截面2</td><td colspan="3">截面3</td><td colspan="3">断口</td></tr>
<tr><td>①</td><td>②</td><td>平均</td><td>①</td><td>②</td><td>平均</td><td>①</td><td>②</td><td>平均</td><td>①</td><td>②</td><td>平均</td></tr>
<tr><td></td><td></td><td></td><td></td><td></td><td></td><td></td><td></td><td></td><td></td><td></td><td></td><td></td><td></td><td></td></tr>
</table>

2. 试验中记录数据

材料名称	屈服载荷 F_s	最大载荷 F_b

续表

3. 计算结果				
材料名称	强度		塑性	
	屈服强度/MPa	抗拉强度/MPa	断后伸长率/%	断面收缩率/%

二、硬度

硬度是指金属表面在一个小的或很小的体积范围内抵抗弹性变形、塑性变形和抵抗破坏的一种能力，它能够反映出金属材料本身的化学成分、金相组织以及热处理状态的不同，是生产或试验中不可或缺的性能检测手段，也是应用非常广泛的力学性能指标，它可以反映出金属的强度和塑性。

按硬度测定的原理不同有压入法、划痕法和弹性回跳法。

弹性回跳法：弹性回跳法测得的硬度值主要是表征金属弹性变形的大小。如肖氏硬度。

压入法：压入法测得的硬度值主要是表征金属的塑性变形抗力及硬化能力。如布氏硬度、洛氏硬度、维氏硬度。

划痕法：划痕法测得的硬度值主要是表征金属对切断的抗力。如莫氏硬度。

其中压入法的应用最为常见。压入法是在规定的静态试验力作用下，将压头压入材料表面层，然后根据压痕的面积大小或深度等测定其硬度值。

常用的硬度测试方法有布氏硬度（HBS 或 HBW）、洛氏硬度（HRA、HRB、HRC）和维氏硬度（HV）试验法。

（一）布氏硬度

布氏硬度的试验原理如图 2-5 所示。用一定直径的淬火钢球或硬质合金球，用规定的试验力 F 压入试样表面，保持规定的时间后，去除试验力，测量试样表面的压痕表面积 A，然后根据压痕面积计算其硬度值。

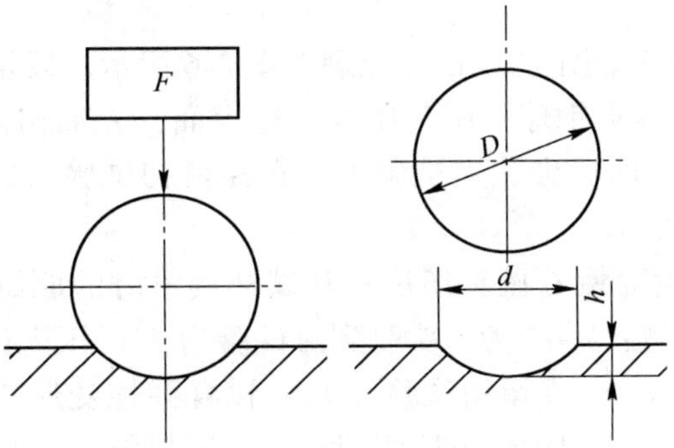

图 2-5　布氏硬度试验原理图

（1）计算方法。测定压痕直径 d，求出压痕球形面积 A。

根据公式

$$HB = \frac{0.102F}{A} = \frac{0.204F}{\pi D(D - \sqrt{D^2 - d^2})} \tag{2-7}$$

式中　F——试验力，N；

D——球体直径，mm；

d——压痕直径，mm。

（2）压头类型。淬火钢球（HBS），硬质合金球（HBW）。

压头直径 D 规格：10 mm、5 mm、2.5 mm、2 mm、1 mm。

压痕深度 h：

$$h < \frac{\delta}{10} \tag{2-8}$$

式中　δ——试样有效厚度，mm。

（3）优点。硬度值能反映金属在较大范围内各组成相的平均性能，而不受个别组成及微小不平的性能影响。

试验数据稳定，重复性强。为适应各种硬度级别及各种厚度的金属材料的硬度测试，进行布氏硬度试验时，压头直径 D、试验力 F 和保持时间应根据被测金属种类和厚度正确地进行选择。一般材料，布氏硬度值小于 450 时选用淬火钢球压头，布氏硬度值在 450~650 时选用硬质合金压头。目前，我国布氏硬度试验常用的压头主要是淬火钢球。

布氏硬度的标注方法是：硬度值标注在硬度符号的前面，在硬度符号的后面用相应的数字注明压头直径、试验力大小和试验力保持时间。当钢球直径 D 为 10 mm、试验力为 3000 kgf（29.42 kN）、保持时间为 10~15 s 的试验条件时，试验条件可以不标明。例如：150HBS10/1000/30 表示：用直径为 10 mm 的淬火钢球，在 1000 kgf（9.807 kN）试验力作用下保持 30 s 测得的布氏硬度值为 150；500HBW5/750 表示：用直径为 5 mm 的硬质合金球，在 750 kgf（7.355 kN）试验力作用下保持 10~15 s 测得的布氏硬度值为 500。

由于布氏硬度压痕大，对材料表面的损伤也较大，硬度高的材料、薄壁工件和表面要求高的工件，不宜用布氏硬度测试。布氏硬度测定通常适用于有色金属、低碳钢、灰铸铁和经过退火、正火和调质处理的中碳结构钢等。

（二）洛氏硬度

洛氏硬度也是用压入法测定的，试验原理如图 2-6 所示。以锥角为 120°的金刚石圆锥体或直径为 1.588 mm 的淬火钢球作压头压入试样表面，先加初试验力 F_1（98 N），再加主试验力 F_2，压入试样表面后去除主试验力，在保留初试验力的情况下，根据试样压痕深度来衡量金属的硬度大小。

图 2-6 中 0—0 位置为金刚石压头还没有和试样接触时的原始位置；1—1 为加上初试验力 F_1 后压入试样的位置；2—2 为压头受到总试验力 F 后压入试样的位置；经规定的保持时间，卸除主试验力 F_2，仍保留初试验力 F_1，试样弹性变形的恢复使压头上升至 3—3 位置。此时压头受主试验力作用压入的深度为 e，金属越硬 e 值越小。

（1）计算方法。为适应人们习惯上数值越大硬度越高的观念，故人为地规定一常数 k

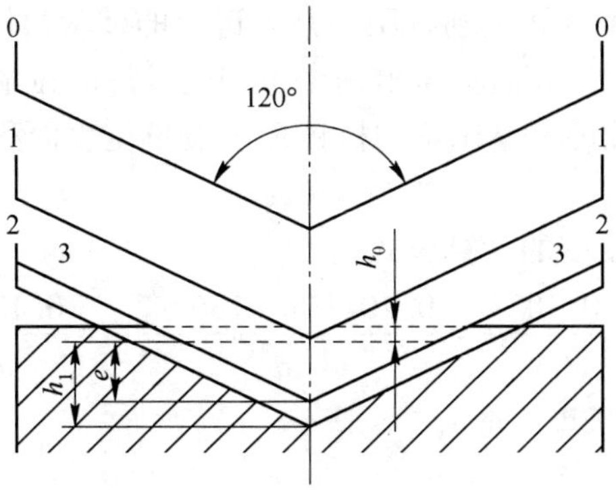

图 2-6　洛氏硬度试验原理图

减去压痕深度 h 作为洛氏硬度指标，并规定每一个洛氏硬度试验单位为 0.002 mm，则洛氏硬度值为

$$HR = \frac{k - h}{0.002} \tag{2-9}$$

式中　k——常数。

压头选用金刚石圆锥体 $k=0.2$ mm，压头选用淬火钢球 $k=0.26$ mm。

洛氏硬度根据试验时选用的压头类型和试验力大小的不同，分别采用不同的标尺进行标注。常采用的标尺有 A、B、C，洛氏硬度的标注方法为：硬度数值写在硬度符号 HR 的前面，后面写使用的标尺，如 52HRC 表示用“C”标尺测定的洛氏硬度值为 52。

（2）洛氏硬度的优缺点。优点：操作简单迅速，硬度值可直接读出，压痕较小，可在工件上进行试验，采用不同标尺可测定各种软硬不同的金属和薄厚不一的试样硬度。缺点：压痕小，仪表性差，所测得的硬度值重复性差，分散度大。

（三）维氏硬度

维氏硬度也是根据压痕单位面积承受的压力来测量的，其原理如图 2-7 所示。

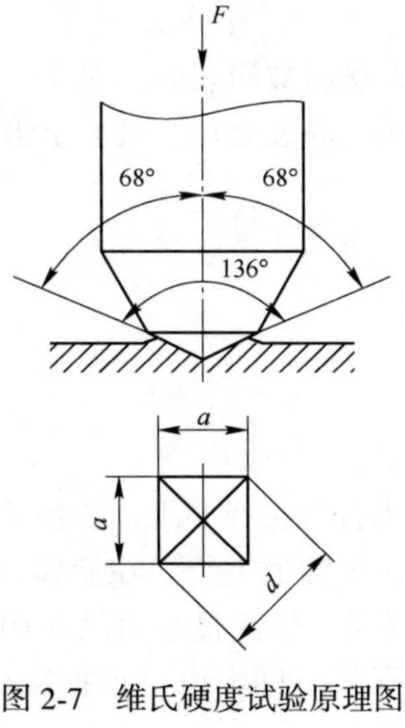

图 2-7　维氏硬度试验原理图

将夹角为136°的正四棱锥体金刚石压头，以选定的试验力压入试样表面，保持规定的时间后，去除试验力，在试样表面上压出一个正四棱锥形的压痕，测量压痕两对角线的平均长度，计算硬度值。维氏硬度是用正四棱锥形压痕单位表面积上承受的平均压力表示硬度值的，用符号 HV 表示。

（1）计算方法。维氏硬度的计算公式为

$$HV = \frac{0.102F}{A} = \frac{0.204F\sin(136°/2)}{d^2} = \frac{0.1891F}{d^2} \tag{2-10}$$

式中　d——对角线的平均长度，mm；

F——试验力，N。

试验时，用显微镜测出压痕的对角线长度，算出两对角线长度的平均值后，查表可得出维氏硬度值。

维氏硬度的标注方法为：硬度数值写在符号的前面，试验条件写在符号的后面。对于钢及铸铁，当试验力保持时间为 10～15 s 时，可以不标出。例如：600HV30 表示：用 30 kgf 试验力保持 10～15 s 测定的维氏硬度值为 600；640HV30/20 表示：用 30 kgf 试验力保持 20 s 测定的维氏硬度值为 640。

（2）优缺点。优点：试验力可任意选取，而且压痕测量精度高。缺点：硬度值需测量压痕对角线后才能进行计算，工作效率低。

适用范围：用于测量金属箔、极薄表面层的硬度以及合金中各组成相的硬度。

（四）显微硬度测定

1. 试验目的

（1）测定低碳钢和铸铁的硬度值。

（2）对比分析含碳量对铁碳合金硬度的影响。

2. 试验设备和材料

（1）HV-1000 型显微维氏硬度计，如图 2-8 所示。

（2）被测材料试样。

3. 试验原理

将角锥体在试验力作用下压入材料被测表面，保持一定时间后卸除载荷，然后再测量压痕两对角线平均长度，计算出压痕的表面积，最后求出硬度值。计算公式为

$$HV = \frac{P}{F} \tag{2-11}$$

式中　P——载荷，N；

F——压痕表面积，mm^2。

4. 试验步骤

（1）插上电源，打开电源开关。

（2）转动变换手轮，使试验力符合选择要求，变换手轮的力值和屏幕上显示的力值是一致的。旋动变换手轮时，应小心缓慢地进行。在旋转到最大力 1 kgf 时，转动位置已经到底，不能继续朝前转，应反向转动；转到最小力值 0.01 kgf 时也应反向转动。

（3）10 s 是最常用的试验力保持时间，也可根据需要按键 D+或 D-，每按 1 次变化

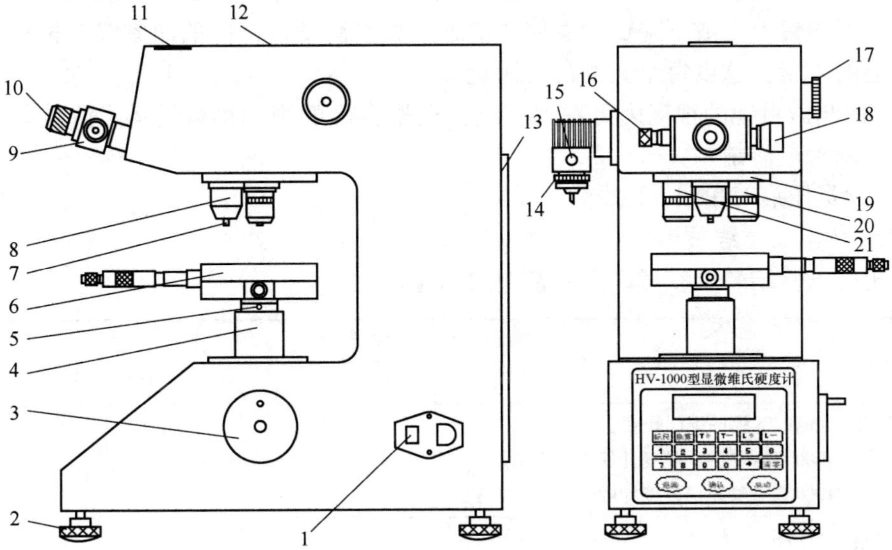

图 2-8　HV-1000 型显微维氏硬度计

1—电源插头；2—水平螺钉；3—升降旋轮；4—升降螺杆；5—螺钉；6—十字试台；
7—压头；8—保护套；9—测微目镜；10—眼罩；11—摄影板；12—上盖；13—后盖板；
14—灯源上下调节螺母；15—灯源前后调节螺钉；16—左鼓轮；17—变换手轮；
18—右鼓轮；19—转塔；20—40×物镜；21—10×物镜

1 s，“+” 为加，“-” 为减。

（4）如视场光源太暗或太亮，可按键 L+或 L-。

（5）转动转盘，使 40×物镜处于前方位置（光学系统总放大倍率为 400×，处于测量状态）。

（6）将标准试块或试件放在十字试台上，转动旋轮使试台上升，当试件离物镜下端约 1 mm（不要碰到物镜），然后用眼靠近测微目镜观察。在测微目镜的视场内出现明亮光斑，说明聚焦面即将到来，此时应缓慢微量上升或下降试台，直至目镜中观察到试样表面清晰成像，这时聚焦过程完成。由于标准试块表面非常光洁，对初学者来说要寻找到试件表面有一定困难，可以把试件翻过来（把粗糙面朝上），待寻找到试样表面后再翻回到测试面。

（7）如果想观察试样表面上较大的视场范围，可将 10×物镜转至前方位置，此时光路系统总放大倍率为 100×，处于观察状态。当测试不规则的试件时，操作时要小心、防止压头碰击试件而损坏压头。

（8）将压头转至前方位置，要感觉到转盘已被定位，转动时应小心缓慢地进行，防止过快产生冲击，此时压头顶端与聚焦好的试样平面距离为 0. 3~0. 45 mm。注意：当测试不规则的试样时，要小心，防止压头碰击试样而损坏压头。

（9）按“启动”键，此时施加试验力（电机启动），屏幕上出现 LOAD 表示加试验力。注意：电机在工作状态时切不可再去移动试件，必须等待这次加卸荷结束后方可移动，否则会损坏仪器。

（10）将 40×物镜转至前方，这时就可在测微目镜中测量压痕对角线长度，如果压痕不太清楚，可缓慢上升或下降试台，使之清晰；如果测微目镜内的两刻线较模糊时，可调节测微镜上的眼罩，这以每个人的视力而定。

（11）在测微目镜的视场内可看到压痕，根据自己的视力稍微转动升降旋轮，上下移动试台将其调到最清楚。

（12）测量压痕对角线。

5. 记录相应试验结果

记录相应试验结果可参考以下表格中的内容。

显微维氏硬度测定报告

一、试验目的

（1）测定 20、45 和 T8 钢的维氏硬度。

（2）熟悉 HV-1000 型显微维氏硬度计使用及构造。

（3）掌握 HV-1000 型显微维氏硬度计的硬度测定方法。

二、试验标准及材料

GB/T 4340. 1—2024《金属材料　维氏硬度试验　第 1 部分：试验方法》

方形截面比例试样

三、试验设备及工具

HV-1000 型显微维氏硬度计

四、试验原理（见前述学习内容）

五、试验内容及数据处理

被测碳钢牌号	硬度要求	实测值					平均值	硬度转换对照
		①	②	③	④	⑤		
20	HV							HB
45	HV							HB
T8	HV							HB

三、冲击韧性

材料在使用过程中不仅受到静载荷和交变载荷的作用，还经常受到冲击载荷的作用。常见在冲击载荷条件下工作的机器零件和工具，有活塞销、锤杆、冲模、连杆等。冲击载荷的速度高、作用时间短，易引起工件材料的局部变形和断裂。故在设计和制造受冲击载荷作用的工件时还须考虑其冲击韧性，即材料抵抗冲击载荷的能力。材料的冲击韧性是通过冲击试验来测定的。

（一）冲击试验测试原理

冲击试验的测试原理如图 2-9 所示。

试验时，将带有缺口（如 V、U 形缺口）的试样放在试验机的机架上，使其缺口位于两固定支座中间，并背向摆锤的冲击方向。将一定质量的摆锤升高到 h_1，使摆锤具有一定的势能 A_{KV_P}，使其自由落下将试样冲断后，摆锤继续升高到 h_2，此时摆锤的势能为 A_{KV_Q}，

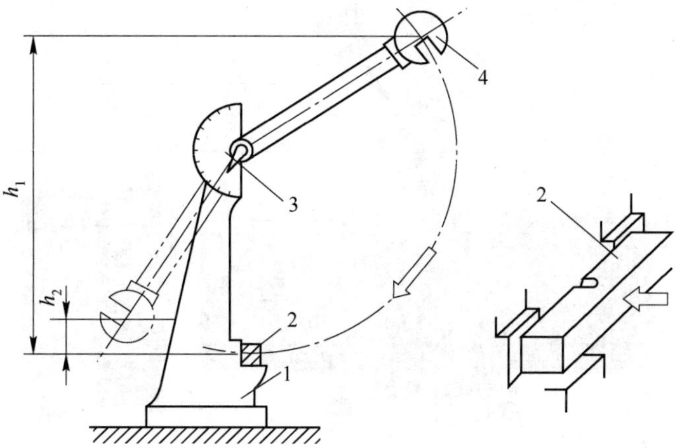

图 2-9　冲击试验原理图

1—固定支座；2—U 形缺口试样；3—读数表盘及指针；4—摆锤

摆锤冲断试样所消耗的势能 A_{KV}(J) 为

$$A_{KV} = A_{KV_P} - A_{KV_Q} \tag{2-12}$$

A_{KV} 就是规定形状和尺寸的试样在冲击试验力一次作用下断裂时所吸收的功，称为冲击功。A_{KV} 可以从试验机的刻度盘上直接读出。

用冲击功 A_{KV}(J) 除以试样断口处截面积 S（cm^2），即得到冲击韧性 a_K，单位为 J/cm^2。

$$a_K = \frac{A_{KV}}{S} \tag{2-13}$$

a_K 对组织缺陷很敏感，能反映出材料质量、宏观缺陷和显微组织方面的微小变化。因此，冲击试验是生产上用来检验冶炼和热加工质量的有效方法之一。

（二）摆锤冲击试验

1. 试验任务

（1）了解摆锤冲击试验方法，测定低碳钢与铸铁的冲击韧度值。

（2）观察低碳钢与铸铁两种材料在常温冲击下的破坏情况和断口形貌，并进行比较。

2. 试验设备和仪器

摆锤冲击试验机（见图 2-10）、游标卡尺。

3. 冲击试件

冲击韧度的数值与试件的尺寸、缺口形状和支撑方式有关。为了对试验结果进行比较，正确地反映材料抵抗冲击的能力，国家标准规定的冲击试件有两种形式：

V 形缺口试件，如图 2-11（a）所示；

U 形缺口试件，如图 2-11（b）所示。

本试验采用带有深的 V 形缺口的试样。

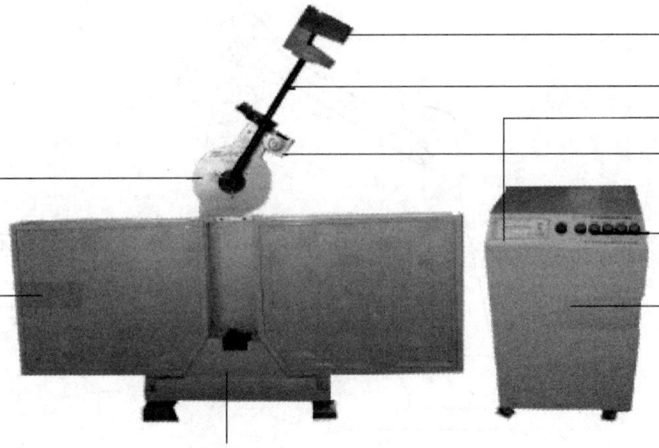

图 2-10　摆锤冲击试验机

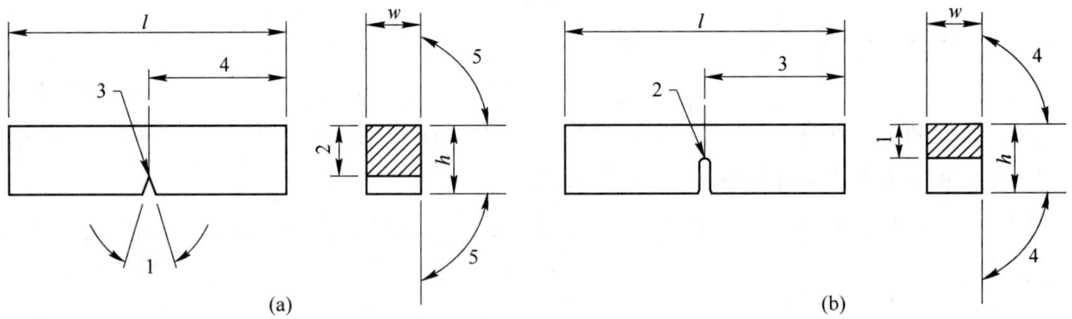

图 2-11　V（U）形缺口试样

（a）V 形缺口；（b）U 形缺口

（a）：1—45°±2°；2—8 mm±0. 075 mm；3—0. 25 mm±0. 025 mm；4—27. 5 mm±0. 42 mm；5—90°±2°；

（b）：1—8 mm±0. 09 mm；2—1 mm±0. 07 mm；3—27. 5 mm±0. 42 mm；4—90°±2°

4. 试验步骤

（1）在安装试件之前先进行空打，记录试验机因摩擦阻力所消耗的能量，并校对零点。

（2）稍抬摆锤，将试件紧贴支座放置，并使试件缺口的背面朝向摆锤刀刃，试件缺口应位于两支座对称中心，其偏差不应大于 0. 5 mm。

（3）按动“取摆”按钮，抬高摆锤，待听到锁住声后，方可慢慢松手。按动“冲击”按钮，摆锤下落，冲断试件，并任其向前继续摆动高点后回摆时，再将摆锤制动，从刻度盘上读取摆锤冲断试件所消耗的能量。

（4）将摆锤下放到铅垂位置，切断电源，取下试件。注意：应先安装试件，后抬高摆锤。当摆锤抬起后，严禁身体进入摆锤的打击范围内。试件折断后，切勿马上拣拾。

5. 试验结果处理

根据试件折断所消耗的能量，计算低碳钢与铸铁的冲击韧度，并进行比较。观察两种材料断口的差异。试验结果处理可参考以下表格中的内容。

摆锤冲击试验报告

一、试验目的

（1）测定铸铁冲击韧性。

（2）熟悉摆锤冲击试验机使用及构造。

（3）掌握摆锤冲击试验机的测定方法。

二、试验标准及材料

GB/T 229—2020《金属材料　夏比摆锤冲击试验方法》

V 形缺口比例试样

三、试验设备

摆锤冲击试验机

显微镜：目镜 10×，物镜 25/0.08，160/0。

保温杜瓦瓶：对于高温或低温冲击试验，保温瓶应能将试验温度稳定在规定值的±2 ℃之内。

温度计：测高温用的玻璃温度计最小分度值应不大于 1 ℃，测低温用数显式热电偶测温器。

加热用电阻炉，烧杯，液氮，酒精，加持试样用镊子。

四、试验原理（见前述学习内容）

五、试验内容及数据处理

（1）试验前应检查摆锤空打时被动指针的回零道，回零差不应超过最小分度值的四分之一。

冲击试验机一般在摆锤最大能量的 10%~96%范围内使用。冲击速度应为 5.0~5.5 m/s。

（2）将三种试样分别做标记，标号为 1、2、3，然后放置于温度分别为-20 ℃、0 ℃、室温三种环境温度下保温。

（3）达到预定温度后，保温 3 min 以上，然后准备进行冲击试验。

（4）试样的支座要符合规定距离，坚固不松动，摆锤的刀口处于支座跨度的中央，摆锤空载运动时指针应指在零位。

（5）冲击吸收功的试验测量。将试样快速准确地装卡到试验装置上，然后放下摆锤完成冲击试验。

注：当试验不在室温进行时，试样从高温或低温装置中移出至冲断的时间应小于 5 s，如不能满足要求，应采取过冷或过热的方法补偿温度损失。调试温度，以达到试样规定的试验温度。

试验材料牌号	规格（V 形）/mm	A_{KV}/J		
		-20 ℃	0 ℃	20 ℃
HT	55×10×10			
20	55×10×10			

四、疲劳强度

（一）疲劳强度

疲劳是指材料在服役过程中由于承受交变载荷而导致的裂纹萌生、扩展以及断裂失效的全过程。许多机械零件（如轴、齿轮、弹簧等）在工作过程中各点的应力随时间作周期性变化，这种应力称交变应力。疲劳失效与静载荷下的失效不同，疲劳断裂前都不产生明显的塑性变形，断裂的发生是突然出现的，因此具有很大的危险性，很容易造成事故。材料在指定循环基数下不产生疲劳断裂所能承受的最大应力称为疲劳强度。在交变载荷下，金属材料承受的交变应力（σ）和断裂时应力循环次数（N）之间的关系常用疲劳曲线来描述，如图 2-12 所示。金属材料承受的最大交变应力 σ 越大，则断裂时应力循环次数 N 越小；反之则 N 越大。当应力低于某值时，应力循环达到无数次也不会发生疲劳断裂，此应力称为材料的疲劳强度，用 σ_D 表示。

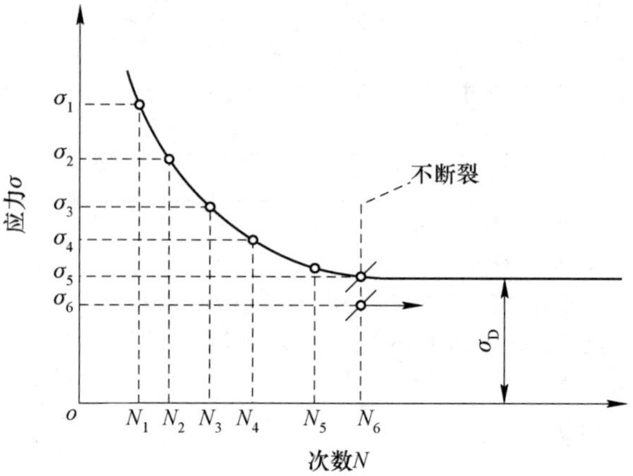

图 2-12　疲劳曲线示意图

工程上疲劳强度是指在一定的载荷循环次数（一般规定钢铁的循环次数为 10^7，有色金属为 10^8）下不发生断裂的最大应力，用 σ_{-1} 表示。通常材料的疲劳性能是在弯曲疲劳试验机上进行测定的。

疲劳断裂一般是从机件最薄弱的部位或缺陷所造成的应力集中处发生，因此疲劳失效对许多因素都很敏感，如零件外形、循环应力特性、环境介质、温度、机件表面状态、内部组织缺陷等都会导致裂纹的萌生和扩展而使工件的疲劳强度降低。因此，为了防止疲劳的出现以及疲劳有可能造成的事故，在设计工件结构时应避免应力集中，在工件加工时降低表面粗糙度值、添加表面滚压或喷丸处理工序、表面热处理等，可提高工件的疲劳强度。

（二）金属轴向拉压疲劳演示试验

1. 试验任务

了解金属材料疲劳性能测试的有关试验设备。

观察金属疲劳破坏断口形貌的特征。

2. 试验设备

高频疲劳试验机。

3. 试验原理和方法

金属材料在交变应力长期作用下发生局部累积损伤，经一定循环次数突然发生断裂的现象称作疲劳破坏。疲劳破坏是一个裂纹形成、扩展直至最终断裂的过程。在工作应力超过疲劳极限 σ_D 时，由于循环应力的反复交变，构件上应力最大或材料最薄弱的地方首先形成微裂纹，随着循环次数的增加，裂纹按一定速率逐渐扩展，而构件的承载面积逐渐减少，当裂纹面上的应力达到材料的断裂强度时，就突然发生断裂。裂纹扩展时，高应变塑性区只限于裂纹尖端附近。断裂时，宏观上没有明显的塑性变形，因此表现为脆断。疲劳断口明显地分成光滑区（裂纹扩展区）和粗糙区（最后断裂区）。

本试验因时间、物力消耗太多、学时有限，在有条件的情况下只能作参观性试验，了解试验设备、试验原理和测试方法。

4. 试验内容

（1）观察疲劳破坏实物，了解疲劳断口形貌特征。

（2）观看高频疲劳试验机，了解其工作原理；观看轴向拉压疲劳试样，了解其安装方式；开启电源，观察试样承受拉、压交变载荷时的情况。

五、断裂韧性

实际使用的工程材料中常存在一定的缺陷，如气孔、夹杂物或加工和使用过程中产生的裂纹（如焊接、热处理裂纹），这些缺陷就像材料中存在的裂纹，在应力作用下可失稳而扩展，导致工件断裂，如桥梁、船舶、大型轧辊等有时在工作应力远低于材料的屈服极限的条件下产生的低应力脆断。材料抵抗裂纹扩展的能力称为断裂韧性。它可通过试验测定，它是材料本身的特性，与材料的成分、热处理及加工工艺有关，与裂纹的尺寸、形状及外加应力无关。

断裂韧性为零件的安全设计提供了一个重要的力学性能指标，根据零件的工作应力及内部可能的裂纹尺寸，可确定材料应有的断裂韧性 K_{1C}，为正确选材提供依据。

任务二　工程材料的物理化学性能

【任务介绍】

本任务主要是学习材料常用的物理化学性能。

【相关知识】

工程材料在使用时除了受到力的作用，还经常需要具有足够物理性能来满足使用要求。物理性能表示的是材料本身固有的一些特殊属性，比如密度、熔沸点、热（线）膨胀系数、导电导热性、磁性与比热容等。

材料在使用过程中也要求具有一定的化学性能，尤其是耐腐蚀、耐高温作用的机械零件。

一、材料的物理性能

（1）密度。密度是指单位体积的物质质量，用 ρ(g/cm^3) 表示。一般地，金属材料具有较高的密度，陶瓷材料次之，高分子材料最低。材料的密度关系到它们制造的构件或零件的自重。金属材料中密度小于 5 g/cm^3 的称为轻金属，如铝、镁、钛及它们的合金，多用于航空航天器及车船等交通运输工具。

（2）熔点。材料由固态变为液态时的温度称为熔点。一般地，晶体材料（如金属、陶瓷）具有一定的熔点，非晶体（如高分子材料、玻璃）没有固定熔点。材料的熔点对其零件的耐热性影响较大，高熔点的陶瓷材料可制造耐高温零件，而高分子材料熔点低、耐热性差，一般不能做耐热构件。

（3）导热性。热能由高温区向低温区传递的现象称为热传导或导热。导热性用热导率 λ(W/(m·K)) 表示。一般地，金属材料的导热性较好（其中银的导热性最好，铜、铝次之），而陶瓷材料及高分子材料导热性较差。导热性好的材料可制造散热器、热交换器等。

（4）导电性。传导电流的能力称为导电性，用电阻率 ρ(Ω·m) 表示。电阻率越小，导电性越好。金属材料具有较好的导电性（其中银的导电性最好，铜、铝次之），而陶瓷及高分子材料是电的绝缘体。电阻率小的金属（纯铜、纯铝）可做导电零件和电线电缆，电阻率大的金属或合金（钨、钼、铁、铬等）适合做电热元件。

（5）热膨胀性。实际应用时对于一些尺寸精度要求高的机械零件或精密仪器，线膨胀性是一个必须要考虑的物理性能之一，常用线膨胀系数来表征。材料不同线膨胀系数也不同，一般高分子材料最高，金属材料次之，无机非金属材料最低。即使同类材料不同种材料线膨胀系数也有差异，如异种技术材料焊接时，就需考虑连接材料的线膨胀系数不同造成的焊接接头变形和开裂问题。

（6）磁性。材料的导磁能力即磁性。一般非金属材料均无磁性，金属材料却分为磁性材料（铁、钴、镍等）和无磁性材料（铝、铜、铅等）。磁性材料易磁化、导磁能力强，又分为软磁性材料和硬磁性材料，软磁性材料是指外磁场去掉后磁性基本消失的材料，硬磁性材料则是去磁后磁性不消失的材料。

二、材料的化学性能

（1）耐蚀性。材料在常温下抵抗氧、水蒸气及其他化学介质腐蚀破坏的能力称为耐蚀性。金属材料中钛及其合金、不锈钢的耐蚀性较好，而碳钢、铸铁的耐蚀性较差。陶瓷材料及高分子材料都具有极好的耐蚀性。耐蚀性好的材料可用于制造食品、化工、制药等设备的零件。

（2）抗氧化性。材料在加热到较高温度时抵抗氧化作用的能力称为抗氧化性。陶瓷材料具有很好的抗高温氧化性，金属材料中加入铬、硅等元素可提高其抗氧化性。抗氧化性好的材料可用于制造高温结构件，如陶瓷可用于制造高温发动机零件，抗氧化性好的耐热钢可制造内燃机排气阀、加热炉底板等工件。

任务三 工程材料的其他性能

【任务介绍】

本任务主要是了解工程材料的工艺性能和经济性能。

【相关知识】

工程材料在生产制造过程中，采用某种加工方法制成产品的难易程度即工艺性能，常包括铸造性能、锻造性能、焊接性能、热处理性能和切削加工性能，它的好坏会直接影响到产品的质量、性能。

作为一名现代高技术高技能型人才，生产经济性概念是必备的，同时经济性也是企业竞争力的基础。

一、工艺性能

材料的工艺性能是指材料在冷、热加工过程中为保证加工顺利所具备的性能，包括铸造、锻造、焊接、热处理、切削加工等性能。工艺性能的好坏直接影响零件加工后的质量及加工成本，是选材和制定零件加工工艺路线时必须考虑的因素之一。

（一）铸造性能

铸造性能是指金属材料铸造成型时获得优良铸件的能力。衡量铸造性能的指标主要有流动性、收缩性和偏析等。

流动性的好坏是指液态合金的充型能力大小，流动性好的合金，易于得到轮廓清晰、外形复杂、尺寸小而薄的铸件，同时有利于液体金属中非金属夹杂物和气体排出，收缩时增加补缩能力，避免热裂纹的产生。

收缩性是液态金属凝固过程中由于热胀冷缩产生的，可分为液态收缩、凝固收缩和固态收缩 3 个阶段。其中液态收缩和凝固收缩是形成缩孔和缩松的主要原因，而铸后产生变形和开裂则是由固态收缩引起的。

偏析是铸件中不同部位出现的化学成分不均匀现象，它会使铸件增加热裂纹倾向，抗腐蚀能力下降，同时化学成分的不均匀也会造成铸件表面到内部的力学性能不均匀，影响铸件的使用寿命。

影响金属铸造性能的因素如下：

（1）合金的充型能力。合金的充型能力受较多因素的影响，如流动性、型性质、浇注条件、铸件结构。

（2）液态金属的凝固与收缩。凝固方式有：逐层凝固、糊状凝固、中间凝固。影响凝固的主要因素：合金的结晶温度范围、铸件的温度梯度。影响收缩的因素：化学成分、铸型条件、铸件结构、浇注温度。

（3）液态成型内应力、变形与裂纹。防止变形的方法与防止应力的方法基本相同，带有残余应力的铸件，变形使残余应力减小而趋于稳定。

（二）锻造性能

锻造性能是指金属材料是否易于进行压力加工的性能。锻造性能取决于材料的塑性和变形抗力，而材料的塑性和变形抗力受材料的成分、变形温度、变形条件等影响。塑性越好，变形抗力越小，材料的锻造性能越好。例如纯铜在室温下就有良好的锻造性能，碳钢在加热状态下锻造性能良好，铸铁则不能锻造。

（三）焊接性能

焊接性能是指金属材料在一定焊接工艺条件下获得优质焊接接头的能力，可用焊接时产生裂纹的倾向性来表示。金属焊接性的概念有两方面内容：一是金属在焊接加工中是否容易形成缺陷；二是焊成的接头在一定的使用条件下可靠运行的能力。这也说明，焊接性不仅包括结合性能，而且包括结合后的使用性能。

碳钢的焊接性主要由化学成分决定，其中碳含量的影响最大。例如低碳钢具有良好的焊接性，而高碳钢的焊接性不好。

【焊接专业选学】

从理论上分析，只要在熔化状态下能够相互形成溶液或共晶的任意两种金属或合金都可以经过熔焊形成接头。同种金属或合金之间当然是可以形成焊接接头的。许多异种金属或合金之间也是可以形成焊接接头的，只是有时需要通过中间过渡层。因此，可以认为上述几种情况都可以看作是“具有一定焊接性”的。差别只在于有的工艺过程很简单，有的工艺过程很复杂；有的接头质量高、性能好，有的接头质量低、性能差。所以，金属焊接工艺过程简单而接头质量高、性能好时，就称作焊接性好；反之，就称作焊接性差。

从上述焊接性概念可知，虽然焊接性主要是金属本身所固有的性能，但工艺条件也起着重要的影响，所以分析焊接性不能完全脱离工艺条件。

熔焊时，熔滴与熔池金属在高温液态下因氧化、还原、溶解、蒸发以及其他化学反应而改变了成分，再经过结晶、固态相变等过程而形成焊缝。焊缝中氧、氮、氢或其他非金属夹杂物会影响焊缝金属的力学性能或造成气孔、夹渣之类的缺陷；金属的化学成分则直接影响其金相组织和力学性能；成分偏析和结晶形态还影响热裂纹敏感性。因此，母材和焊接材料的成分以及焊接工艺条件都对焊接性有重要影响。

除了焊缝，热影响区金属在焊接过程中受到热循环的作用，也将发生组织和力学性能的转变，例如淬硬脆化、晶粒长大、回火软化等，在某些条件下还可能造成热影响区开裂等焊接缺陷。这些问题主要取决于母材本身的材质和工艺条件，而与焊接材料基本无关。只要正确选择母材和焊接工艺条件，配合一些工艺措施，如预热、缓冷、加冷却垫板、控制层间温度等，就可以改善焊接性。

当然，焊接接头附近有无应力集中、刚度大小、是否承受多轴应力等结构方面的因素也会影响接头的性能或对产生缺陷的敏感性。

此外，焊件的使用要求，如载荷的性质、温度的高低、是否承受腐蚀或辐照等，实际上也是对焊接性提出了不同程度的要求，因而也是影响焊接性评价的。

如何分析金属的焊接性，除了直接采用焊接试验的方法，还可通过分析金属的物理特性、与各种气体的亲和力、相图特点、CCT 图或 SHCCT 图、热处理状态、焊接工艺条例、保护方式、工艺措施等来确定金属的焊接性。

1. 利用物理性能分析

金属的熔点、导热系数、线膨胀系数、密度、热容量等因素，都对热循环、熔化、结晶、相变等过程产生影响，从而影响焊接性。

纯铜（紫铜）导热系数高，焊接时热量散失迅速，升温的范围很宽，坡口不容易熔化，焊接时需要较强烈的加热，热源功率不足时，会产生熔透不足的缺陷。铜、铝等导热系数高的材料，熔池结晶快，易于产生气孔。有些材料导热系数低（如钛、不锈钢等），焊接时温度梯度陡，残余应力高、变形大，而且由于高温停留时间延长，热影响区晶粒长大，对接头性能也不利。

金属线膨胀系数大时，接头的变形及应力也必将更加严重，奥氏体钢焊接时就应注意这方面的问题。

密度小的铝及铝合金，熔池中的气泡和非金属夹杂物不易上浮排出，就会在焊缝中留有气孔和夹渣。

2. 利用化学性能分析

与氧的亲和力较强时（如铬、锰及其合金）在焊接高温下极易氧化，因而需要采取较可靠的保护方法，如采用惰性气体保护焊或真空中焊接等，有时焊缝背面也需加以保护。此外，像钛这样化学活性很强的金属，对氧、氮、氢等气体元素都很敏感，吸收这些气体后，力学性能显著降低，所以要严格控制氧、氮、氢对焊缝及热影响区的污染。

3. 利用合金相图分析

大多数被焊材料都是合金，或至少含有某些杂质元素，因而可以利用它们的相图分析焊接性问题。例如，对于共晶型相图来说，其固相线与液相线之间的温度区间大小，会影响结晶时的成分偏析，影响生成低熔共晶的程度，也影响脆性温度区间（brittle temperature range，BTR）的大小，这是分析热裂纹倾向重要的参考依据。另外，若结晶凝固时形成单相组织，则焊缝晶粒易于粗大，也是形成热裂纹的重要影响因素。

（四）热处理性能

热处理性能是指材料在热处理后性能改善的难易程度。热处理是通过加热、保温、冷却的方法使材料在固态下的组织结构发生改变，从而获得所要求的性能的一种加工工艺。在生产上，热处理既可以用于提高材料的力学性能及某些特殊性能，以进一步发挥材料的潜力；亦可用于改善材料的加工工艺性能，如改善切削加工和焊接性能等。常用的热处理方法有退火、正火、淬火、回火及表面热处理（表面淬火及化学热处理）等。

（五）切削加工性能

材料进行切削加工的难易程度称为切削加工性能。切削加工性能主要用切削后的表面粗糙度和刀具寿命来衡量。影响切削加工性能的因素有工件的化学成分、组织、硬度和形变强化度等。一般认为，材料具有适当硬度（170~230 HBS）和足够脆性时较易切削。所以，灰铸铁比钢切削性能好，碳钢比合金钢切削性好。改变钢的成分和适当热处理能改善切削性能。

二、材料的经济性能

在生产过程中，材料成本的价格一般要占到产品价格的一半左右，所以在可以达到使用要求的前提下，应尽量降低材料成本的价格，而成本除了原材料的买入成本外还包括在生产过程中的使用情况，如加工余量的多少、加工工序的复杂程度等，只有把成本严格控制好，才能使产品在市场上有足够的竞争力，从而促进新产品的开发和利用，更好地为社会服务。

思考题与习题

2-1　金属材料的性能都有哪些？

2-2　金属材料的力学性能包括哪些指标？

2-3　低碳钢拉伸应力-应变曲线可分为哪几个变形阶段，其变化特征是什么样的？

2-4　通过拉伸试验得到了哪些力学性能指标，工程上是如何定义它们的，如何测定它们？

2-5　硬度的试验按原理不同有哪些方法，常用的硬度测试方法又有哪些？

2-6　在实际生产中冲击韧性有何重要意义？试举例说明。

2-7　什么叫作材料的疲劳，它有何特点，生产中如何避免疲劳造成的事故？

2-8　产生化学腐蚀的原因是什么，为什么它的危害性很大？

2-9　在制造选材时如何综合考虑材料的各方面性能？

项目三　金属材料的结构与组织

【项目简介】

材料的结构是指材料内部的各组成微粒质点（分子、原子、离子等）之间的结合方式及其在空间的排列分布规律，即物质的结合键和晶体结构类型。材料的组织是指可直接借助仪器观察到的材料内部各组成部分的形貌，如各组成部分的大小、形态、分布状况和相对数量等。

本项目主要介绍理想金属和实际金属的晶体结构以及金属的塑性变形，并通过拉伸试验对理论知识进行验证的同时熟悉试验设备和操作。

本项目的重点是金属晶体结构的认识及金属塑性变形的实质，拉伸试验原理及设备操作规范。难点是金属塑性变形的实质。

【任务解析】

表 3-1　项目三任务解析

任务序号	任务名称	任务主要内容	建议课时	备注
任务一	纯金属的晶体结构	三种常见晶格类型；晶体缺陷	2	中高职使用
任务二	纯金属的结晶	过冷现象；结晶过程及组织；结晶组织的控制	2（4）	高职使用，中职部分选用
任务三	合金的晶体结构	合金的结构；合金的相结构	2	中高职使用

不同的金属材料具有不同的性能，即使是同一种金属材料，在不同的条件下性能也不同，这是因为材料的性能取决于其内部的结构与组织，而材料的结构与组织是由它的化学成分及加工工艺决定的。因此，研究金属材料的内部结构与组织的变化规律，对了解金属材料性能、正确选用金属材料、合理确定加工方法具有非常重要的意义。

任务一　纯金属的晶体结构

【任务介绍】

金属在正常情况下都是晶体，金属原子呈有规律的排列。在已知的多种金属材料中，大部分金属原子排列的晶体结构都属于体心立方晶格、面心立方晶格或密排六方晶格。实际晶体构成又与理想晶体有不同之处。

【相关知识】

金属晶体结构不同所体现出的各种使用性能（力学性能、物理化学性能）也各不相同。

根据物质内部微粒的排列特征，固态物质分为晶体与非晶体两类。晶体是指其组成质点（原子、离子或分子）在三维空间做有规律的重复排列所组成的物质，如金刚石、石墨及一般固态金属材料等。金属及绝大多数固体都是晶体，晶体具有固定的熔、沸点和各向异性等特征。非晶体是指其组成质点无序排列组成的物质，如玻璃、沥青、石蜡、松香等都是非晶体。非晶体物质没有固定熔、沸点，而且性能各向同性。非晶体从整体结构上看是无序的，但在很小的范围又是有序的，也称为近程有序，当条件允许时，这种结构是可以向有序转化的，即晶体与非晶体是可以相互转化的。

为了更好地学习和理解晶体中质点在三维空间排列的有序性，可把晶体内部质点近似地视为刚性质点，用一些假想的直线将各质点中心连接起来，形成一个空间格子，如图3-1（b）所示。这种抽象的用于描述微粒在晶体中排列形式的空间格架，称为晶格。晶体的晶格在空间排列有周期性重复的特点，通常把晶格中具有空间排列规则特征的最小几何单元称为晶胞，如图3-1（c）所示。因此，晶格是由晶胞不断重复堆砌而成的，晶胞表示了晶体中微粒在空间的排列规律。

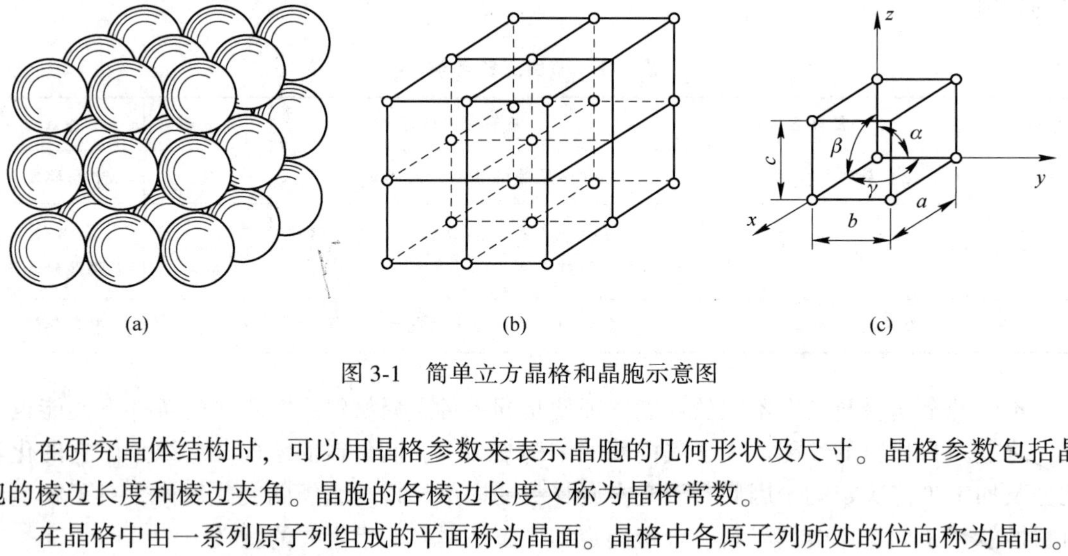

(a)　(b)　(c)

图3-1　简单立方晶格和晶胞示意图

在研究晶体结构时，可以用晶格参数来表示晶胞的几何形状及尺寸。晶格参数包括晶胞的棱边长度和棱边夹角。晶胞的各棱边长度又称为晶格常数。

在晶格中由一系列原子列组成的平面称为晶面。晶格中各原子列所处的位向称为晶向。

一、理想金属晶体结构

金属在正常情况下都是晶体，金属原子呈有规律的排列。在已知的多种金属材料中大部分金属原子排列的晶体结构都属于下面3种类型。

（一）体心立方晶格

这种晶格的晶胞是1个立方体，在立方体的8个顶角和晶胞中心各有1个原子，如图3-2所示。体心立方晶格每个顶角上的原子均为相邻8个晶胞所共有，而中心原子为该晶格所独有，所以体心立方晶格晶胞中的原子数为 1+8×1/8=2 个。属于这种晶格类型的金属有 α-Fe、Cr、W、Mo、V 等。

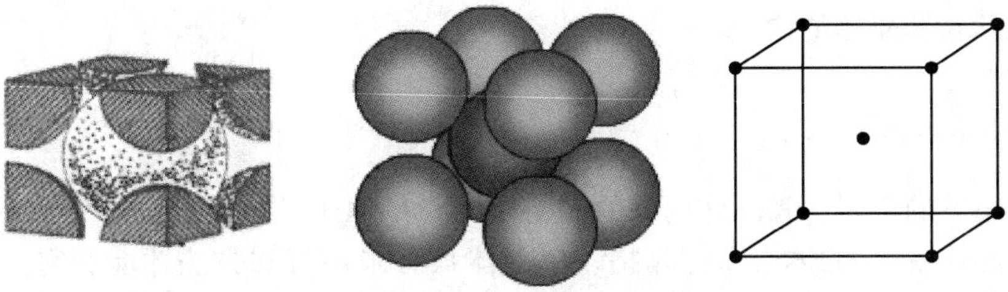

图 3-2　体心立方晶格示意图

（二）面心立方晶格

这种晶格的晶胞也是 1 个立方体，立方体的 8 个顶角和 6 个面的中心各有 1 个原子，如图 3-3 所示。同样，晶胞顶角原子为邻近 8 个晶胞共有，各面中心的原子为相邻 2 个晶胞共有，所以面心立方晶格晶胞中的原子数为 8×1/8+6×1/2=4 个。属于这种晶格的金属有 γ-Fe、Al、Cu、Ni、Au、Ag 等。

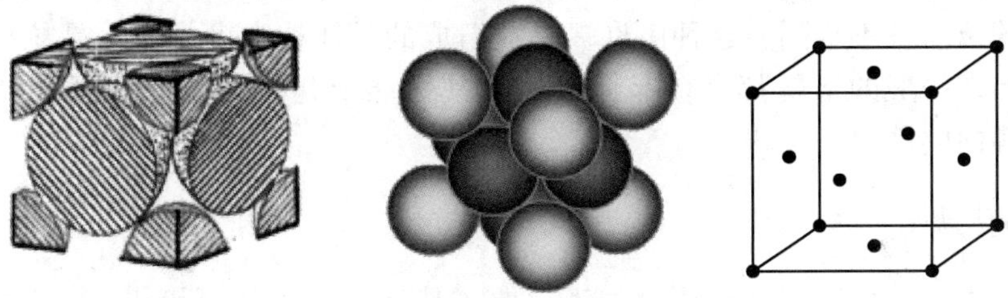

图 3-3　面心立方晶格示意图

（三）密排六方晶格

这种晶格的晶胞是 1 个正六方棱柱，在正六方棱柱的 12 个顶角和上、下底面中心各有 1 个原子，另外在晶胞内部还有 3 个完整的原子，如图 3-4 所示。同样，密排六方晶格晶胞的实有原子数为 12×1/6+3+2×1/2=6 个。属于这种晶格的金属有 Mg、Zn、Ti 等。

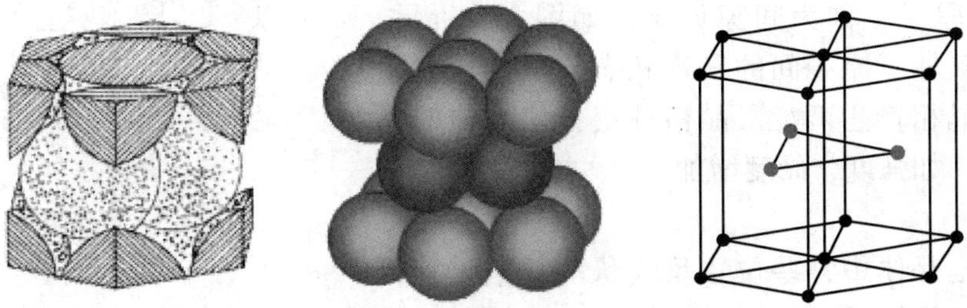

图 3-4　密排六方晶格示意图

原子在晶格中排列的紧密程度对晶体性质的影响较大，晶胞中原子所占有的体积与晶胞体积的比值称为晶格的致密度。晶格的致密度越大，原子排列越紧密。

二、实际金属晶体结构

（一）单晶体结构

理想状态下的金属，其晶体内部的晶格位向（即原子排列的方位）完全一致，称为单晶体。如单晶体 α-Fe 的体心立方晶格。单晶体只有采用特殊方法才能获得。单晶体在不同方向上具有不同的性能，这种现象称为各向异性。这是因为在不同的晶面和晶向上原子排列状况不同、原子密度及原子间结合力也不同，所以宏观性能就有了方向性。如单晶体 α-Fe 在体对角线方向上的弹性模量 $E = 290000\ \mathrm{N/mm^2}$，而沿立方体边长方向上弹性模量 $E = 135000\ \mathrm{N/mm^2}$。晶体的各向异性在工业上也得到广泛应用，如制造变压器用的硅钢片，使其易磁化的晶向平行于轧制方向，可提高磁导率。

（二）多晶体结构

实际使用的金属材料即使是体积很小也都是由许多晶格位向不同、外形不规则的多面体颗粒状小晶体组成的，这种小晶体称为晶粒。每个小晶体相当于 1 个单晶体，各小晶体中原子排列的位向各不相同，这种由许多晶粒组成的晶体称为多晶体，晶粒与晶粒之间的界面称为晶界。一般的金属都是多晶体结构，其性能上是各个位向不同的晶粒的平均性能，显示出各向同性。

（三）晶体缺陷

实际金属由于种种原因（如压力加工、原子热运动、工作环境等），其局部区域的原子有序性遭到破坏，不会像理想金属的晶体排列得那样完整和规则。实际金属中原子排列不规律的区域称为晶体缺陷，对金属性能有明显的影响。

晶体缺陷按其几何特点分为下列 3 种：

1. 点缺陷

点缺陷是晶体中某些位置呈点状的缺陷，即在空间 3 个方向尺寸都很小的晶体缺陷。最常见的缺陷是晶格空位和间隙原子，晶格中某个原子脱离了平衡位置，形成了空结点，称为空位；某个晶格间隙中挤入了原子，称为间隙原子，如图 3-5 所示。缺陷的出现破坏了原子间的平衡状态，使晶格发生扭曲，造成晶格产生畸变。晶格畸变会使晶体的性能发生改变，如强度、硬度增加。

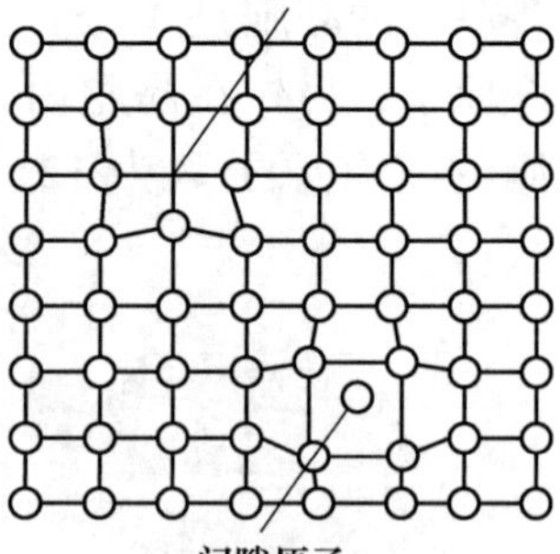

图 3-5　点缺陷示意图

2. 线缺陷

线缺陷是晶体中某些位置呈线状的缺陷，其特征是在晶体空间的两个方向上尺寸很小，而另一个方向上的尺寸相对比较大；这种缺陷主要是指各种类型的位错，即指晶格中一列或数列原子发生了某种有规律错排的现象。位错有多种类型，其中刃型位错是最简单的一种位错形式，其几何模型如图 3-6 所示，在晶体的 *ABC* 平面以上，多出一个垂直半原子面，这个多余半原子面像刀刃一样垂直切入晶体，使晶体中刃部周围的原子产生了错排现象。多余半原子面底边（图 3-6 中 *EF* 线）称为位错线，在位错线周围引起晶格畸变，离位错线越近，畸变程度也越严重。

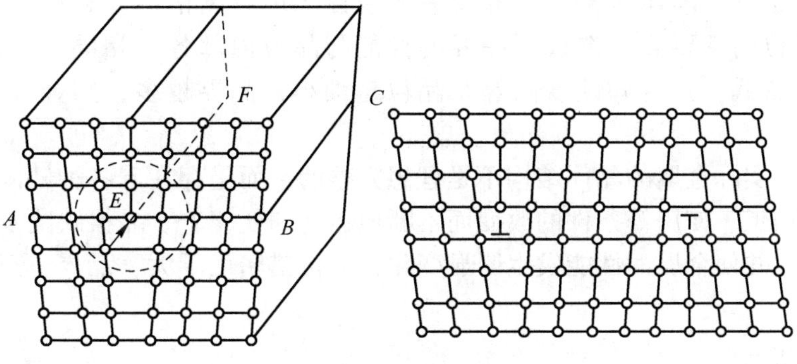

图 3-6　线缺陷示意图

晶体中的位错不是固定不变的，在相应的外部条件下，晶体中的原子发生热运动或晶体受外力作用而发生塑性变形时，位错在晶体中能够进行不同形式的运动，从而使位错密度 ρ（单位体积晶体中位错的总长度，单位为 cm/cm^3）及组成状态发生变化。随着位错密度的增加，由于位错之间的相互作用和制约也相应增加，位错运动变得困难起来，金属的强度会逐步提高。当缺陷增至趋近百分之百时，金属将失去规则排列的特征，而成为非晶态金属，这时金属显示出很高的强度。

增加或降低位错密度都能有效提高金属的强度，目前生产中一般是采用增加位错密度的方法来提高金属的强度。如一般退火状态下金属中位错密度 $\rho = 10^5 \sim 10^8$。采用冷塑性变形后淬火金属位错密度可达 $\rho = 10^{12}$。

3. 面缺陷

面缺陷是晶体中某些位置呈面状的缺陷，特征是在一个方向上尺寸很小，而另两个方向上尺寸很大，主要指晶界和亚晶界。

晶界处的原子排列与晶体内部不同，要同时受到其两侧晶粒不同位向的综合影响，所以晶界处原子排列是不规则的，是从一种取向到另一种取向的过渡状态，如图 3-7（a）所

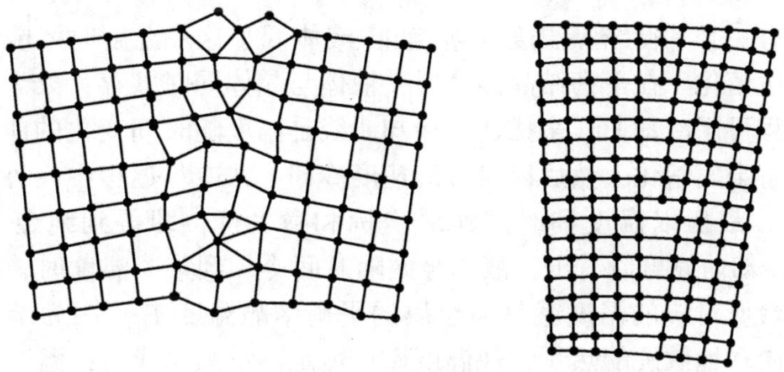

(a)　　(b)

图 3-7　面缺陷示意图

示。大多数相邻晶粒的位向差都在15°以上，称之为大角度晶界。在一个晶粒内部，还可能存在许多更细小的晶块，它们之间晶格位向差很小，通常小于2°~3°，这些小晶块称为亚晶粒（有时将细小的亚晶粒称为镶嵌块），亚晶粒之间的界面称为亚晶界。亚晶界是由一些位错排列而成的小角度晶界，如图3-7（b）所示。

由于晶界处原子排列不规则，偏离平衡位置严重，晶格畸变程度较大，因而使晶界处能量较晶粒内部要高，造成了晶界的性能与晶粒内部各不相同。比如晶界比晶内易受腐蚀、熔点低，强度和硬度高等。晶粒越细小，晶界越多，则金属的强度和硬度越高。

综上所述，实际金属的晶体结构不是理想完整的，而是存在着各种缺陷，并且这些缺陷随着温度、加工、使用等条件的改变而不断地运动和变化着。晶格缺陷及其附近均有明显的晶格畸变，并使金属的性能发生明显变化，如位错密度越大，晶界、亚晶界越多，金属的强度越高。

任务二　纯金属的结晶

【任务介绍】

本任务主要是掌握纯金属的晶体结构。

【相关知识】

金属材料的使用性能特别是力学与其晶体结构有很大的关系，如晶格类型、位向、晶体缺陷形式、晶粒度等。

物质由液态转变为固态的过程称为凝固，其中凝固后的固体能够形成固态晶体的过程称为结晶。金属结晶后形成的组织，直接影响金属的性能，如在机械制造行业中铸件和焊件的组织和性能，在很大程度上取决于其结晶过程。因此研究金属结晶的规律，对提高铸件、焊件质量有重要指导意义，同时也为研究金属材料的组织转变奠定基础。

一、纯金属的结晶条件

晶体物质都有一个平衡结晶温度（熔点），液体低于这一温度时才能结晶，固体高于这一温度时便发生熔化。在平衡结晶温度时，液体与晶体同时共存，处于平衡状态。纯金属的实际结晶过程可用冷却曲线来描述。冷却曲线是温度随时间变化的曲线，是用热分析法测绘的。首先将金属熔化，然后以缓慢的速度冷却：在冷却过程中，每隔一定时间测定一次对应的温度，最后以温度和时间作纵坐标和横坐标，即得到纯金属冷却曲线，如图3-8所示。从冷却曲线可以看出，液态金属随时间冷却到某一温度时，在曲线上出现一个平台，这个平台所对应的温度就是纯金属的平衡结晶温度 T_0。因为结晶时放出结晶潜热，补偿了此时向环境散发的热量，使温度保持恒定，结晶完成后，温度继续下降。

如图3-8所示，金属在实际结晶过程中，液态降温后必须冷却到平衡结晶温度（T_0）以下才开始结晶，即其实际结晶温度 T_1 总是低于平衡结晶温度 T_0，这种现象叫作过冷现

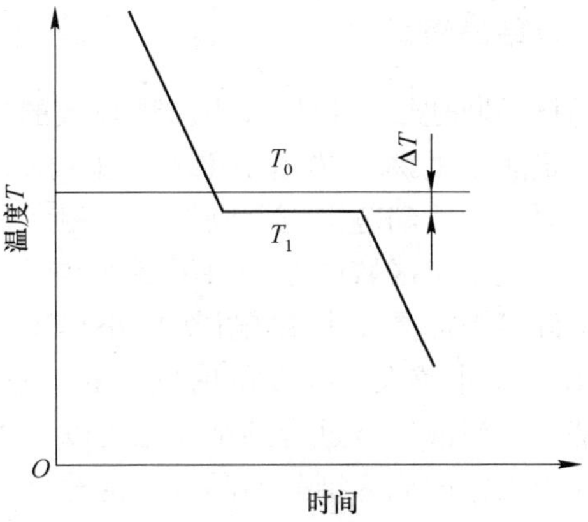

图 3-8　纯金属结晶冷却曲线

象。平衡结晶温度 T_0 和实际结晶温度 T_1 之差 ΔT，称为过冷度。在实际生产中，金属结晶必须在一定的过冷度下进行，过冷是金属结晶的必要条件。金属结晶时的过冷度与冷却速度有关，冷却速度越大，金属的实际结晶温度就越低，过冷度就越大。

通过学习过冷现象我们知道液态金属的实际结晶温度总是低于其理论结晶温度，结晶必须在一定的过冷条件下才能进行。这是因为结晶过程是由热力学条件来决定的。热力学第二定律说明：在等温等压条件下，物质都具有自发地从自由能较高的状态向自由能较低的状态转变的特性。所以物质的物态间能否进行转变，取决于该物质固相自由能与液相自由能之间有无差值。如果液相的自由能比固相的自由能高，那么液相就会自发地向固相转变。因此，结晶过程想要完成必须有足够的驱动力，即实际结晶温度就必须低于理论结晶温度，这时热力学条件才能满足结晶需要。过冷度增大，液、固两相的自由能差值增大，相变驱动力增大，结晶速度越快。这就是金属结晶时为什么一定会出现过冷现象的原因。

液态金属在过冷的条件下完成结晶过程以后是否就可以形成金属晶体，下面分析一下这个问题。

由于液态金属温度高于固态金属，所以液态金属中原子排列并不像固态金属那样规律有序，但是在某一个微小范围内，却存在着紧密接触排列有序的原子集团，这样的原子分布我们常称之为近程有序。而固态金属中原子的有序排列常称之为远程有序。液态金属中那些有序排列的原子集团并不是一直保持该有序状态，而是处于不断地变化之中。由于液态金属温度高、原子的活动能力强，原子间距离也较固态金属更大，原子间结合力较弱，所以近程有序的原子集团只能维持一段时间就会消失。但是在其他区域又会出现新的近程有序原子集团。近程有序的原子集团就是这样反复出现、消失，彼此起伏，这种不断变化着的近程有序原子集团称为结构起伏，或称为相起伏。在液态金属中，相起伏的每一次出现都有可能涌现出大量的尺寸不同的相起伏，只有那些尺寸较大的相起伏才有可能在结晶时转变成为晶核，这些相起伏就是晶核形成前的胚芽，称为晶胚。

虽然只有在过冷的条件下才会出现晶胚，但是，并不是所有的晶胚形成以后都可以转变成为晶核。如果要转变成为晶核，那么它还必须满足一定的条件，这就是我们下一个学习任务所要解决的问题。

二、纯金属的结晶过程及结晶组织

纯金属的结晶过程是晶核不断地形成和晶核不断地长大的过程。图 3-9 为金属结晶过程示意图。液态时温度高，金属中的原子热运动剧烈，排列不规则。但随着温度的下降，原子的运动能力逐渐减弱，原子的活动范围也逐渐缩小，相互之间逐渐接近。当温度下降到结晶温度时，液体内部的一些微小区域内原子由不规则排列向晶体结构的规则排列逐渐过渡，即随时都在不断产生许多类似晶体中原子排列的小集团，其特点是尺寸较小、极不稳定、时聚时散；温度越低，尺寸越大，存在的时间越长。这种不稳定的原子排列小集团，是结晶中产生晶核的基础。当液体被过冷到结晶温度以下时，某些尺寸较大的原子小集团变得稳定，能够自发地成长，即成为结晶的晶核。这种只依靠液体本身在一定过冷度条件下形成晶核的过程叫作自发形核。但自发形核需要非常大的过冷度，在实际生产中，金属液体内常存在各种固态的杂质微粒，金属结晶时，依附这些杂质的表面形成晶核比较容易。这种依附于杂质表面形成晶核的过程称为非自发形核，非自发形核相比自发形核过冷度要求很低，因而在生产中都是非自发形核，所以它的作用也更为重要。

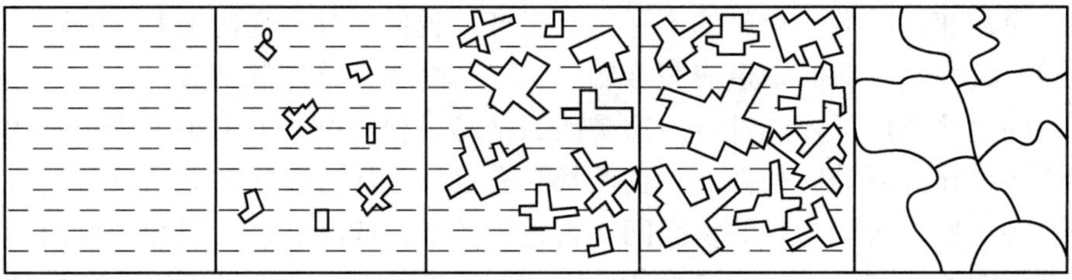

图 3-9　金属结晶过程示意图

我们都知道，果树开花以后要在开败的骨朵上长出果实，如果把开花比作形核的话，那么结果就应当对应晶核的变化——晶核长大。当稳定的晶核形成以后，液体的结晶过程就正式开始了，这个过程的持续，需要有大量新的晶核持续形成，同时也依赖于先形核的晶核不断长大。

结晶开始时各晶核都是按各自方向吸附周围原子自由长大，在长大的同时又有新晶核出现、长大，当相邻晶体彼此接触时被迫停止长大，而只能向尚未凝固的液体部分伸展，直至结晶完毕。因此，一般情况下金属的结晶组织是由许多外形不规则、位向不同的小晶粒组成的多晶体。

在晶核开始成长初期，因其内部原子规则排列的特点，故外形大多是比较规则的。但随着晶核的长大，逐渐形成了棱角，棱角处的散热条件优于其他部位，因而得到优先长大，如树枝一样先长出枝干，称为一次晶轴。在一次晶轴伸长和变粗的同时，在棱角处会长出二次晶轴，随后又可出现三次晶轴等，这种形态如同树枝，所以称为“枝晶”。相邻的树枝状骨架相遇时，树枝骨架停止扩展，每个晶轴不断变粗，并长出新的晶轴，直到枝晶间液体全部消失，每一枝晶成长为一个晶粒。

对于每一个单个的晶粒而言，其结晶过程的顺序都是先形核后长大这两个阶段；但对整个结晶过程而言，形核与长大在整个结晶期间是同时进行的，直至每个晶核长大到互相接触形成晶粒为止。

晶体的长大过程从宏观上来看，是固态金属的界面向液相中的逐步推进过程，而从微观上看，又是液态金属原子在液相中不断向固态金属表面迁移扩散，并按固态金属点阵规律要求，有规律地逐个占据相应位置并与固态金属稳定牢固地结合在一起。从原子的扩散角度讲，晶体的长大需要以下条件：主观上讲液相中的原子能持续不断地向固态金属表面扩散，而原子扩散这一基本要求的前提是液相要有足够高的温度，使液态金属原子具有足够的扩散能力；客观上讲固态金属表面能够不断地接纳这些液态金属原子，而能否接纳、接纳多少又与固态金属的表面结构有关，同时满足金属结晶的热力学条件。由于液态金属温度较高，液态金属中的原子扩散迁移也比较容易，所以，决定晶核进一步长大的方式和速度的主要是晶核的界面结构和固液界面前沿液体中的温度梯度。

三、结晶组织中晶粒大小的控制

金属结晶完毕后，形成了由许多个晶粒组成的多晶体组织。晶粒的大小对金属的力学性能有较大的影响。细晶粒组织的金属由于晶界面较多，晶格畸变较大，对金属的变形阻碍较大，使得金属强度、硬度高。而且细晶粒组织的金属塑性和韧性也好，这是因为晶粒越细，一定体积中的晶粒数目越多，在同样的变形条件下，变形量被分散到更多的晶粒内进行，各晶粒的变形比较均匀而不致产生过分的应力集中现象，因此可产生较大的变形量，表现出较高塑性和韧性。晶粒尺寸对铁力学性能的影响见表 3-2。

表 3-2　晶粒尺寸对铁力学性能的影响

晶粒直径/μm	抗拉强度/N·mm^{-2}	屈服强度/N·mm^{-2}	断后伸长率/%
1.6	270	66	50.6
2.0	268	59	48.7
25	216	45	39.4
70	184	34	30.5

在生产实践中，通常采用适当方法获得细小晶粒来提高材料的强度，这种强化金属材料的方法称为细晶强化。晶粒的大小主要取决于金属结晶时的形核率 N（单位时间内、单位体积中产生的晶核数）、晶体长大速度 G（单位时间内晶核生长的速度）、液态金属中的杂质等因素。因此生产上控制结晶过程，得到细晶粒的措施主要有：

（1）增大过冷度。过冷度对形核率和长大速度的影响如图 3-10 所示。由图中左半部分（过冷度小于 T）可见，随着过冷度的增加，形核率 N 和长大速度 G 均增加，过冷度达到一定值 T 时，两者均达到最大值。但形核率 N 的增加比长大速度 G 的增加更快，有利于晶粒细化。图的右半部分为虚线，表示实际工业生产中一般达不到如此大的过冷度，即使达到也得不到晶体金属，而是非晶态金属。因此，在一般的液态金属的过冷度范围内，过冷度越大，形核率越高，则长大速度相对较小，金属结晶后得到的晶粒越小。

在生产中增大冷却速度（如采用金属型铸造），降低浇注温度，都可以增加过冷度，细化晶粒。但冷却速度的增加是有一定限度的，特别是对大的铸件，冷却速度的增加不容易实现，而且冷却速度过大会引起金属中铸件应力的增加，造成金属铸件的变形甚至开裂。因此，生产上只适合于小型的薄壁组件。

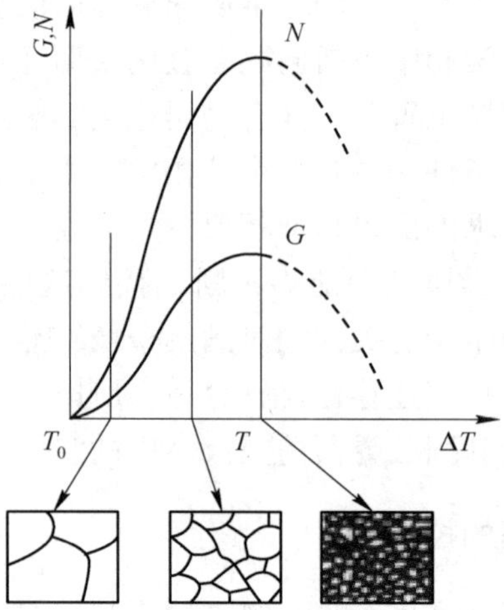

图 3-10　过冷度、形核率及晶体长大速度的关系

（2）变质处理。液态金属中的某些高熔点杂质，当其晶体结构与金属的晶体结构相似时，在结晶过程中就能起到现成晶核的作用，促进形核率大大提高，细化晶粒。因此实际生产时，在浇注前往液态金属中加入一定量的难熔金属或合金作为变质剂，可促使液态金属结晶时形成大量非自发晶核，提高形核率，获得细晶粒组织，这种细化晶粒的方法称为变质处理。变质处理在冶金和铸造生产中应用十分广泛，如钢中加入钒、钴、钛、钒等，铸铁中加入硅钙合金等。

（3）附加振动。在金属结晶时，对液态金属附加机械振动、超声波振动和电磁波振动等措施，造成枝晶破碎，使晶核数量增加，也能使晶粒细化。

任务三　合金的晶体结构

【任务介绍】

本任务主要是了解合金的结构，掌握合金的相结构。

【相关知识】

合金的性能好坏与合金的组元相互作用形成的相的化学成分、晶体结构、组成形态、数量分布等情况有着密切的关系。

一、合金的结构

由于纯金属的力学性能较低，尤其是强度、硬度，所以工程上应用最广泛的是将各种金属或非金属组合起来使用，即合金，是由两种或两种以上的金属元素，或金属与非金属元素经熔炼、烧结等方法结合而成的且具有金属特性的物质。如工业上广泛应用的钢和铸铁，主要是铁和碳组成的合金；黄铜是铜和锌组成的合金；硬铝是由铝、铜、镁组成的合金等。

组成合金的最基本的独立物质单元称为组元。组元可以是金属元素、非金属元素和稳定的化合物。根据组元数的多少，可分为二元合金、三元合金等。当组元不变，而组元比例发生变化，可以得到一系列不同成分的合金，称为合金系。合金中各元素相互作用可形成相。

相是指在金属或合金中，具有同一聚集状态、成分和性能均一并以界面相互分开的组成部分。若合金是由成分、结构都相同的同一种晶粒构成的，则各晶粒虽有界面分开，却属于同一种相；若合金是由成分、结构互不相同的几种晶粒所构成，它们将属于不同的几种相：例如，在铁碳合金中的相有 F（C 溶解于 α-Fe 中形成的物质）、Fe_3C 等。金属与合金中的相在一定条件下可以变为另一种相，叫作相变。

组织是指用肉眼或显微镜等观察到的金属及合金内部的组成相貌，包括内部组成相的种类、大小、形状、数量、分布及结合状态等。只有一种相组成的组织为单相组织；由两种或两种以上相组成的组织为多相组织。

二、合金的相结构

合金的结构是指合金中各种元素原子的排列状况。由于合金中各元素原子之间相互作用会形成具有一定成分、一定结构的相，因此合金的结构是指合金中各种相的内部结构。合金中相的种类主要有固溶体和金属间化合物两类，下面介绍这两种相的结构。

（一）固溶体

凡溶质原子溶于固态溶剂中并能够保持固态溶剂的晶格类型所形成的合金称为固溶体。与固溶体晶格类型相同的组元称为溶剂（即被溶的），其他组元称为溶质（即溶入的）。一般溶剂含量较多，溶质含量较少。

根据溶质原子在溶剂晶格中所占位置的不同，可将固溶体分为置换固溶体和间隙固溶体。

1. 置换固溶体

溶质原子代替一部分溶剂原子占据溶剂晶格结点位置时所形成的晶体相，称为置换固溶体，其晶体结构示意图如图 3-11（a）所示。

按溶质溶解度不同，置换固溶体按溶解度的大小可分为有限固溶体和无限固溶体。有限固溶体的溶解度有限，例如铜锌合金形成有限固溶体。溶解度的大小主要取决于组元间的晶格类型、原子半径和原子结构，且溶解度随着温度的升高而增加。只有两组元晶格类型相同、原子半径相差很小时，才可以无限互溶，形成无限固溶体，例如铜镍合金可以形成无限固溶体。

2. 间隙固溶体

溶质原子占据溶剂晶格各结点之间的间隙所形成的晶体相，称为间隙固溶体，其晶体结构如图 3-11（b）所示。

由于溶剂晶格的间隙很有限，故间隙固溶体只能是有限固溶体。间隙固溶体的溶解度与温度、溶质与溶剂原子半径比值及溶剂晶格类型等有关，只有在溶质原子与溶剂原子半径的比值小于 0. 59 h，才能形成间隙固溶体。例如碳、氮、硼等非金属元素溶入铁中形成

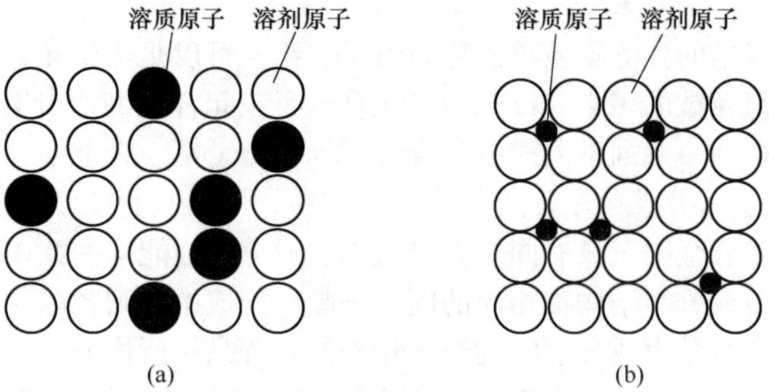

图 3-11　固溶体结构示意图
（a）置换固溶体；（b）间隙固溶体

的固溶体为间隙固溶体。

无论是置换固溶体，还是间隙固溶体，由于溶质原子的溶入都会使固溶体内部产生晶格畸变，增加位错运动的阻力，使固溶体的强度、硬度提高，塑性、韧性降低。这种由于溶质原子的进入造成固溶体强度、硬度升高的现象称为固溶强化。而且溶解度越大，造成的晶格畸变程度也越大，固溶强化效果也越好。固溶强化是金属材料强化的重要手段之一。

（二）金属间化合物

合金元素间发生相互作用生成的具有金属特性的一种新相，其晶格类型和性能与合金中其他组成元素不同。金属化合物通常有一定的化学成分，可用分子式（例如 Fe_3C、WC）表示；其晶体结构一般比较复杂；性能特点为熔点高、硬而脆。例如铁碳合金中的 Fe_3C 就是铁和碳组成的化合物，它具有与其构成组元晶格截然不同的特殊晶格，如图 3-12 所示。

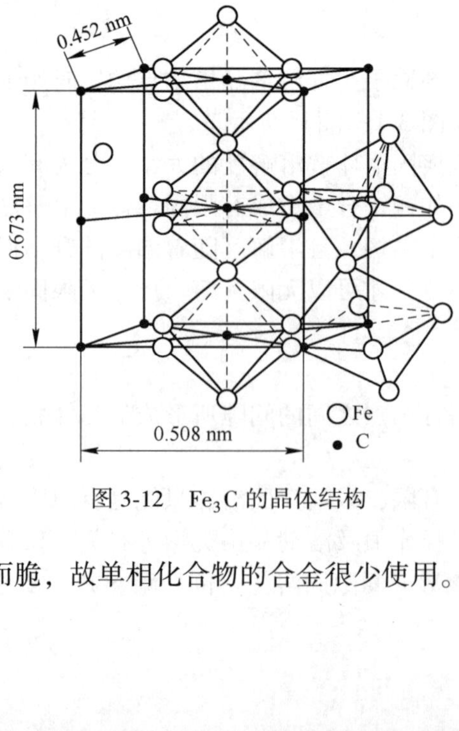

图 3-12　Fe_3C 的晶体结构

由于金属间化合物硬而脆，故单相化合物的合金很少使用。当化合物细小均匀分布在固溶体基体上时，能显著提高合金的强度、硬度和耐磨性，这种现象称为弥散强化。金属化合物通常用作强化金属，也可溶入其他元素的原子，形成以金属化合物为基体的固溶体，通过调整其中元素的数量、分布来达到改变性能的目的，满足使用要求。

思考题与习题

3-1 晶体与非晶体的本质区别是什么，它们是否完全无关?

3-2 何谓晶格和晶胞?

3-3 金属中常见的晶格类型有哪些，它们包含的原子数分别是多少?

3-4 实际金属中晶体缺陷有哪些，它们的表现形式分别是什么，它们对金属的力学性能有何影响?

3-5 凝固和结晶有什么区别?

3-6 何为过冷现象，为什么金属结晶时一定会出现过冷现象?

3-7 何为晶粒，为什么细化晶粒可以提高综合力学性能，金属结晶时如何细化晶粒?

3-8 什么是合金，合金中的组元和相是如何定义的?

3-9 合金与纯金属的结构有何不同，为什么合金的力学性能优于纯金属?

项目四　铁碳合金的相图

【项目简介】

铁碳合金主要是由铁和碳两种元素组成的。工业生产中应用广的金属材料就是钢和铸铁，它们都是以铁和碳为组元的合金。

本项目主要介绍铁碳合金的组成相；铁碳合金相图相关知识以及合金中杂质元素对钢材和铸件性能的影响。

本项目的重点是铁碳合金相图。难点是铁碳合金相图分析及应用。

【任务解析】

表 4-1　项目四任务解析

任务序号	任务名称	任务主要内容	建议课时	备注
任务一	铁碳合金的相	纯铁的同素异构转变；铁碳合金的基本相与生成相	2	中高职使用
任务二	铁碳合金相图分析	铁碳合金相图的绘制及相区填写；铁碳合金相图的构成分析	12	中高职使用
任务三	铁碳合金相图的应用	铁碳合金相图在生产中的应用	2	中高职使用
任务四	铁碳合金平衡组织观察	制作金相试样；观察金相组织并分析组织性能	20	中高职使用

铁碳合金主要是由铁和碳两种元素组成的。工业生产中应用广的金属材料就是钢和铸铁，它们都是以铁和碳为组元的合金。为了更好地学习铁碳合金，掌握铁碳合金的成分、组织和性能之间的关系，为钢铁材料的使用、选择、制定钢铁材料的热加工工艺打下基础。由于材料的性能取决于其内部组织和构成，所以必须了解铁碳合金的组成结构。

任务一　铁碳合金的相

【任务介绍】

本任务主要是熟悉纯铁的同素异构转变；掌握铁碳合金的基本相、生成相的形成以及性能。

【相关知识】

为了更好地学习铁碳合金，掌握铁碳合金的成分、组织和性能之间的关系，为钢铁材料的使用、选择、制定钢铁材料的热加工工艺打下基础。由于材料的性能取决于其内部组织和构成，所以必须了解铁碳合金的组成结构。

铁碳合金的结构是指其内部铁、碳原子的排列形式，也即其内部铁、碳原子相互作用形成的各种相的结构。在固态时碳能溶解于铁的晶格中，形成间隙固溶体。当碳含量超过铁的溶解度时，多余的碳与铁形成化合物（Fe_3C）。由于铁具有同素异构现象，碳溶于不同的铁中可形成不同的固溶体。

一、纯铁的同素异构转变

有些金属在固态下随温度或压力的改变，会发生晶格转变，即晶体结构发生变化，如铁、钴、钛等。这种同一种元素在不同条件下具有不同的晶体结构，当温度等外界条件变化时，晶格类型会发生转变，称为同素异构转变。从图 4-1 纯铁的冷却曲线可知，纯铁的熔点为 1538 ℃，在 1394 ℃和 912 ℃出现平台。纯铁在 1538 ℃结晶后具有体心立方结构，称为 δ-Fe；当温度下降到 1394 ℃时，体心立方的 δ-Fe 转变为面心立方结构，称为 γ-Fe；在 912 ℃时，γ-Fe 又转变为体心立方结构，称为 α-Fe；再继续冷却时，晶格类型不再发生变化。

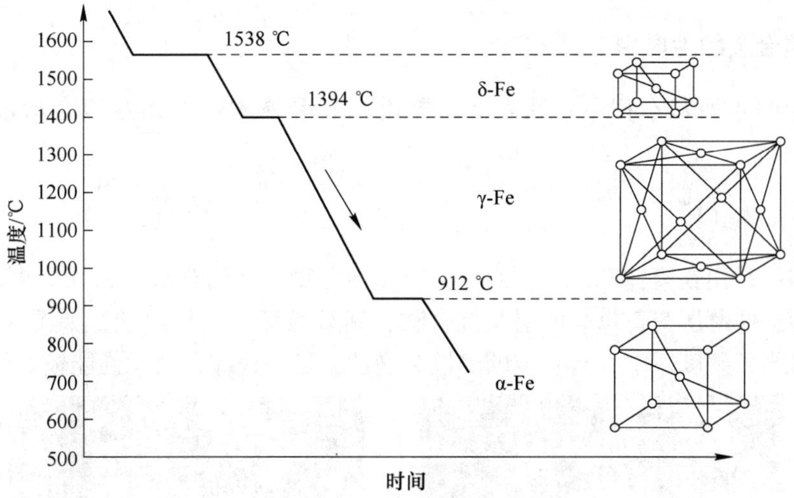

图 4-1　纯铁的冷却曲线及晶体结构转变

二、铁碳合金的基本相

（一）液相（L）

在熔点温度以上形成的以液体形式存在的铁碳合金。

（二）铁素体（F）

铁素体是指碳溶于 α-Fe 中形成的间隙固溶体，它具有体心立方晶格。碳在 α-Fe 中溶解度极小，在 727 ℃时最大溶解度为 0.0218%，而在室温时几乎为零（0.008%）。铁素体的力学性能几乎与纯铁相同，其强度、硬度很低（R_m = 180 ~ 280 MPa，硬度 50 ~ 80 HBS），但具有良好的塑性和韧性（A = 30% ~ 50%、a_K = 160 ~ 200 J/cm^2）。铁素体在显微镜下的形态为多晶粒状。

（三）奥氏体（A）

奥氏体是指碳溶于 γ-Fe 中形成的间隙固溶体，它具有面心立方晶格。碳在 γ-Fe 中的溶解度比 α-Fe 大得多，在 1148 ℃时最大溶解度为 2.11%。由于碳在 γ-Fe 的溶碳量较大，固溶强化效果较好，故奥氏体强度、硬度较高，而塑性、韧性也较好。奥氏体在显微镜下的形态也为多晶粒状。

（四）渗碳体（Fe_3C）

渗碳体是铁、碳原子相互作用形成的一种具有复杂晶体结构的化合物。Fe_3C 的含碳量为 6.69%，其硬度极高（800 HBW），塑性和韧性几乎等于零，是一个硬而脆的相。渗碳体因形成条件不同分为：$Fe_3C_{Ⅰ}$（一次渗碳体），是从高温液相中结晶出来的，呈粗大片状；$Fe_3C_{Ⅱ}$（二次渗碳体），是从高温奥氏体（A）中析出来的，呈网状分布在 A 晶界上；$Fe_3C_{Ⅲ}$（三次渗碳体），是从较低温的铁素体中析出来的，呈细小点状。

三、铁碳合金的生成相

铁碳合金的 3 种基本相——铁素体、奥氏体、渗碳体可以相互组合形成珠光体和莱氏体。

（一）珠光体（P）

珠光体组织是由铁素体和渗碳体组成的机械混合物，平均含碳量为 0.77%。其形态为铁素体薄层和渗碳体薄层交替重叠的层状混合物，其显微形态为指纹状，如图 4-2（a）所示。珠光体强度较高，硬度适中，有一定的塑性和韧性，是一种综合力学性能较好的组织。

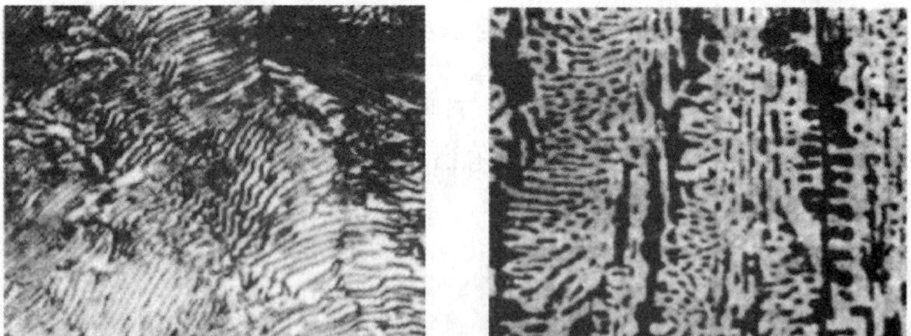

(a)　　(b)

图 4-2　珠光体和莱氏体的组织形貌

（a）珠光体；（b）莱氏体

（二）莱氏体（Ld）

莱氏体组织是由奥氏体（或铁素体）和共晶渗碳体组成的机械混合物，平均含碳量为4.3%。其形态为小点状奥氏体均匀分布于渗碳体的基体上，其显微形态为蜂窝状，如图4-2（b）所示。莱氏体组织由于含碳量高，Fe_3C 相对量也较多（约占64%以上），故莱氏体的性能与渗碳体相似，即硬且脆。

铁素体、奥氏体、渗碳体及珠光体和莱氏体是构成铁碳合金组织的基本组成部分，其成分、组成、形态、性能等的比较见表4-2。成分不同的铁碳合金，其平衡组织是由它们中的一种或几种相互搭配组成的，可以由铁碳合金相图进行分析。

表4-2　铁碳合金的基本相与生成相组织比较

名称	表示方法	含碳量/%	相的分布（一般形态）	性能特点
铁素体	F	<0.0218	晶粒	塑性好
奥氏体	A	<2.11	晶粒	塑性好
渗碳体	Fe_3C	6.69	不规则（点状、片状、网状等）	高硬度，脆
珠光体	P	0.77	指纹状（呈层片状分布）	综合性较好
莱氏体	Ld	4.3	蜂窝状（呈层片状分布）	高硬度，脆

任务二　铁碳合金相图分析

【任务介绍】

本任务主要是重点掌握铁碳合金相图的绘制方法并对铁碳合金相图进行全面分析。

【相关知识】

铁碳合金相图是研究铁碳合金以及指导铁碳合金生产相关问题的理论依据，对生产质量保证具有重要指导意义。

一、铁碳合金相图

铁碳合金相图是在十分缓慢的冷却条件下，用热分析方法测定的铁碳合金的成分、温度、组成三者之间关系的图解，故也称为平衡组织相图，它是研究不同成分的铁碳合金在不同温度下组织的重要工具图。由于含碳量大于6.69%的铁碳合金脆性很大，没有使用价值，而 Fe_3C（含碳量为6.69%）为稳定的化合物，可作为一个组元，因此铁碳合金相图即 Fe-Fe_3C 相图，如图4-3所示。

横坐标为成分坐标轴，其上各点对应于不同含碳量的各个铁碳合金；纵坐标为温度坐标轴，对应于合金所处的不同温度；各区域内所标的字母及符号，代表一定条件下铁碳合金内部的组成相。铁碳合金相图由特征点、特征线、特征区组成。

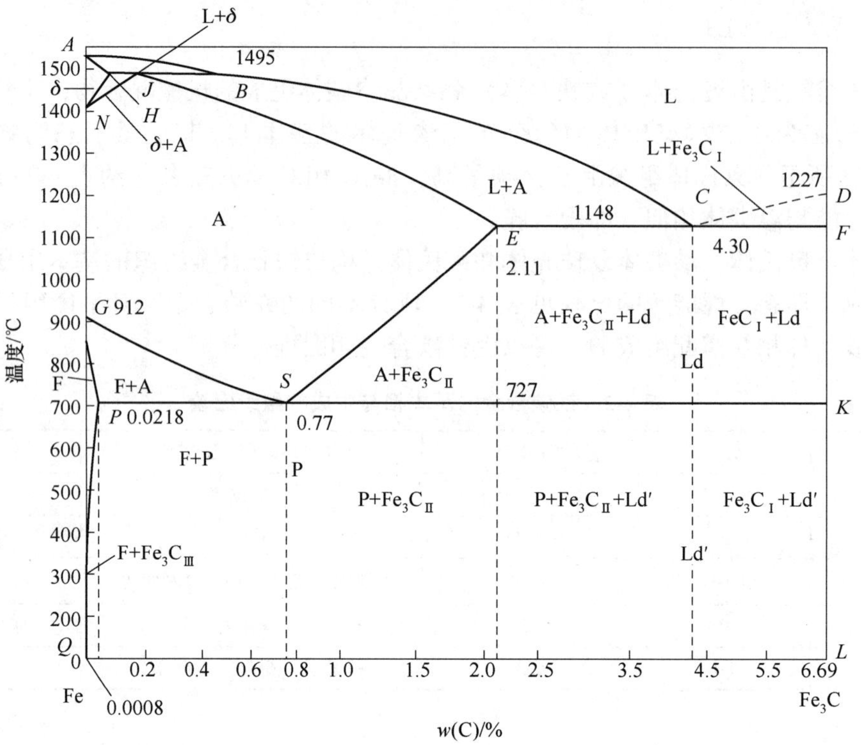

图 4-3　Fe-Fe_3C 相图

（一）相图分析

1. 主要特性点

（1）*A* 点和 *D* 点。*A* 点是铁的熔点（1538 ℃），*D* 点是渗碳体的熔点（1227 ℃）。

（2）*G* 点。*G* 点是 Fe 的同素异构转变点（912 ℃），铁在该点发生面心立方晶格和体心立方晶格相互转变。

（3）*E* 点和 *P* 点。*E* 点是 C 在 γ-Fe 中最大的溶解度（w(C) = 2.11%，温度 1148 ℃），*P* 点是 C 在 α-Fe 中最大的溶解度（w(C)= 0.0218%，温度 727 ℃）。

（4）*Q* 点。*Q* 点是室温下 C 在 α-Fe 中最大的溶解度，w(C)= 0.0008%。

（5）*C* 点。共晶点，1148 ℃发生共晶转变 L=A+Fe_3C。

（6）*S* 点。共析点，727 ℃发生共析转变 A=F+Fe_3C。

2. 相图上的主要特性线

（1）*ABCD* 线。液相线，在此线以上所有铁碳合金处于液体状态。冷却时含碳量大于 4.3%的合金在 *CD* 线开始结晶出 Fe_3C，称一次渗碳体，用 $Fe_3C_Ⅰ$ 表示。

（2）*AHJECF* 线。固相线，在此线以下所有铁碳合金处于固体状态。

（3）*GS* 线。冷却时从奥氏体中开始析出铁素体，或加热时铁素体全部溶入奥氏体中的转变温度线。

（4）*ES* 线。碳在奥氏体中的溶解度曲线。温度在 1148 ℃时，奥氏体的溶碳能力最大，为 2.11%。随着温度降低，溶解度沿此线降低，到 727 ℃时，奥氏体的溶碳量为

0.77%。大于 0.77%的铁碳合金冷却到此曲线时，析出二次渗碳体，用 Fe_3C_{II} 表示。

（5）*PQ* 线。碳在铁素体中的溶解度曲线。温度在 727 ℃时，铁素体的溶碳能力最大，为 0.218%。随着温度的降低，溶解度随此线降低，室温时仅为 0.0008%。因此，含碳量大于 0.0008%的铁碳合金从 727 ℃冷却时，将沿铁素体晶界析出渗碳体，称为三次渗碳体，用 Fe_3C_{III} 表示。

（6）*ECF* 线。即共晶线。含碳量为 4.3%的液相合金，温度在 1148 ℃时生成奥氏体与渗碳体的机械混合物，即莱氏体。其共晶转变过程可用下式表达：

$$L \rightleftharpoons A+Fe_3C$$

（7）*PSK* 线。即共析线。含碳量为 2.11%的奥氏体冷却至 727 ℃时，同时析出铁素体与渗碳体的机械混合物，即珠光体（P）。其共析转变过程可用下式表达：

$$A \rightleftharpoons F+Fe_3C$$

3. 相图上主要相区

（1）主要单相区：L、A、F、Fe_3C 等。

（2）主要双相区：A+L、L+Fe_3C、F+A、A+Fe_3C、F+Fe_3C 等。

（二）铁碳合金的分类

按相图上特征点的含碳量，可将铁碳合金分为工业纯铁、钢及白口铁 3 类。

1. 工业纯铁

含碳量小于 *P* 点，即 $w(C)<0.0218\%$。

2. 钢

含碳量在 *P* 点和 *E* 点之间，即 $0.0218\%<w(C)<2.11\%$。钢又可分为以下 3 种：

（1）亚共析钢。含碳量在 *P* 点和 *S* 点之间，即 $0.0218\%<w(C)<0.77\%$。

（2）共析钢。含碳量在 *S* 点，即 $w(C)=0.77\%$。

（3）过共析钢。含碳量在 *S* 点和 *E* 点之间，即 $0.77\%<w(C)<2.11\%$。

3. 白口铸铁

含碳量在 *E* 点和 *F* 点之间，即 $2.11\%<w(C)<6.69\%$。白口铁又可分为 3 种：

（1）亚共晶白口铸铁。含碳量在 *E* 点和 *C* 点之间，即 $2.11\%<w(C)<4.3\%$。

（2）共晶白口铸铁。含碳量在 *C* 点，即 $w(C)=4.3\%$。

（3）过共晶白口铸铁。含碳量在 *C* 点和 *F* 点之间，即 $4.3\%<w(C)<6.69\%$。

二、铁碳合金的结晶过程分析及组织

铁碳合金由于成分不同，室温下的组织不同，其组织可利用铁碳合金相图进行结晶过程分析而得到。工业纯铁的组织比较简单，当温度低于 1538 ℃时高温液体中结晶出 δ-Fe 的固溶体（即高温铁素体），随温度降低转变为 γ-Fe 的固溶体（即奥氏体 A），后又变为 α-Fe 的固溶体（即铁素体 F），然后又从铁素体中析出少量三次渗碳体 Fe_3C_{III}，最终组织为 F+Fe_3C_{III}。下面分析图 4-4 对应的其他铁碳合金的结晶过程及最终组织。

（一）共析钢

其对应于图 4-4 中的（2）线。

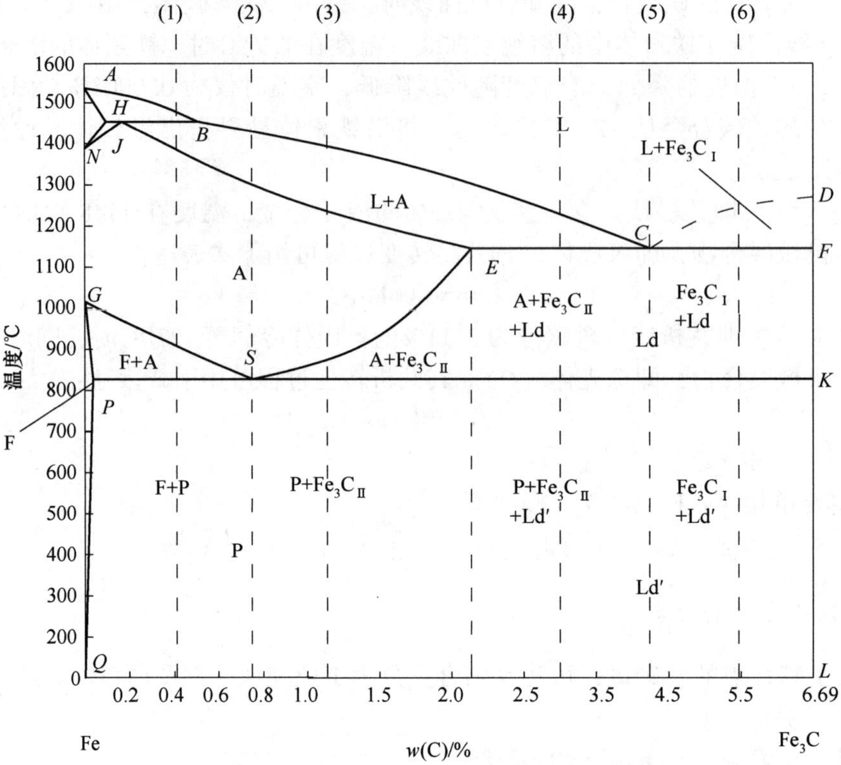

图 4-4　相图上对应的几种典型铁碳合金

当液体金属由高温缓冷到液相线温度时，开始从液相中结晶出奥氏体，随温度降低，奥氏体量逐渐增加，液体量逐渐减少，当温度降低到固相线温度时，剩余的液相全部转变为奥氏体，温度在固相线到共析温度之间保持奥氏体不变；冷却至 S 点温度时，达到共析温度（727 ℃），奥氏体发生共析反应，转变为 F 与 Fe_3C 层片相间的机械混合物，即珠光体 P；温度继续下降时组织不再发生变化，因此共析钢室温下的平衡组织为珠光体 P。图 4-5 为共析钢结晶过程组织转变示意图，图 4-6 为共析钢的显微组织。

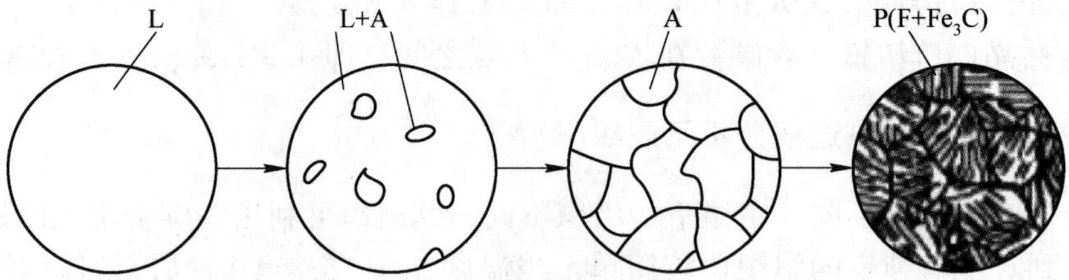

图 4-5　共析钢结晶过程组织转变示意图

（二）亚共析钢

其对应于图 4-4 中的（1）线。

当液相缓冷至液相线温度时，开始从液相中结晶出奥氏体，在固相线和液相线温度区

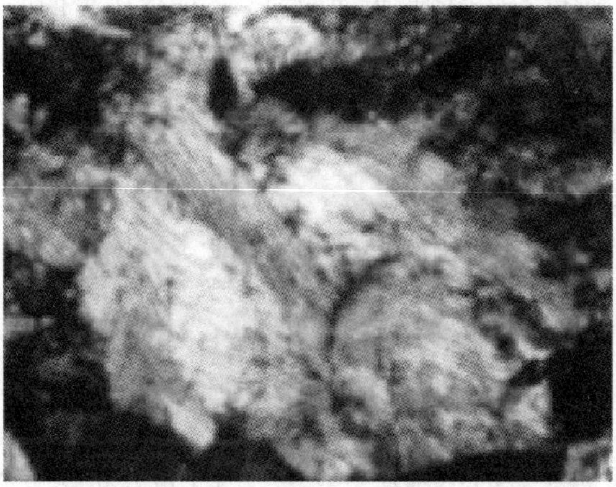

图 4-6　共析钢的显微组织

间内组织为液相和奥氏体，固相线温度时全部变为奥氏体组织；到 *GS* 线时，奥氏体开始转变为铁素体，在 *GS* 以下时，组织为奥氏体和铁素体；当温度继续下降到共析温度（727 ℃）时，奥氏体发生共析反应，转变为珠光体，共析反应结束后组织为铁素体+珠光体；温度再下降时不再发生变化，因此亚共析钢室温组织为铁素体+珠光体。图 4-7 为亚共析钢结晶过程组织转变示意图，图 4-8 为亚共析钢的显微组织。

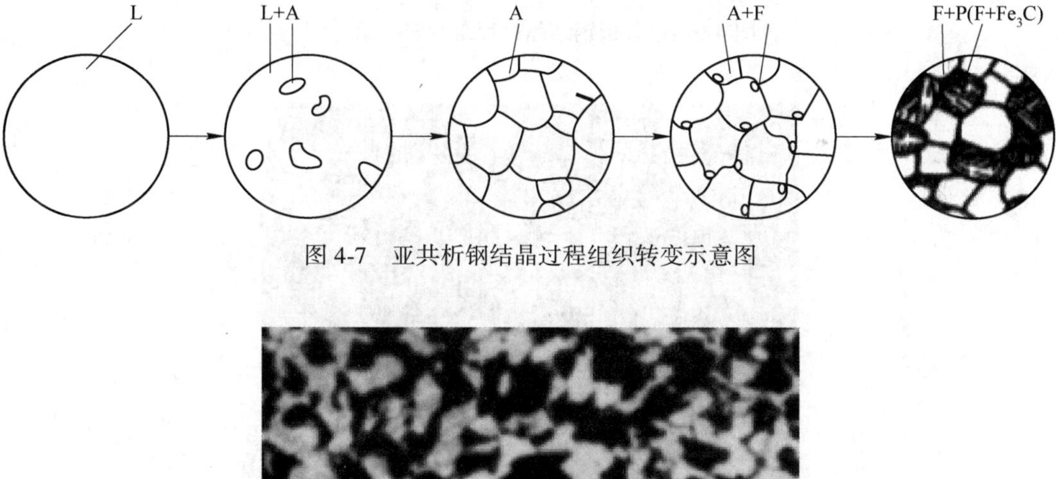

图 4-7　亚共析钢结晶过程组织转变示意图

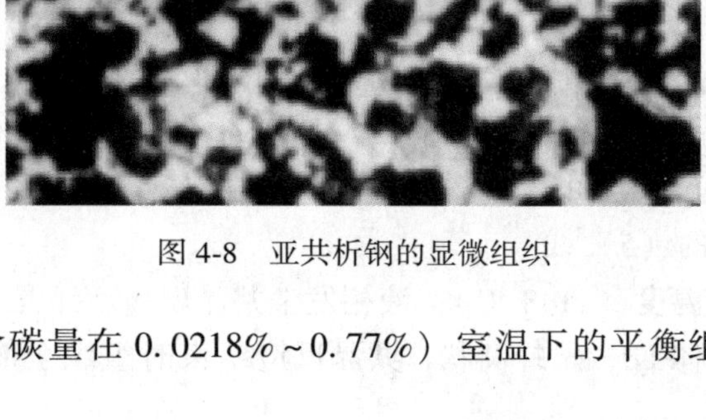

图 4-8　亚共析钢的显微组织

所有亚共析钢（含碳量在 0.0218%～0.77%）室温下的平衡组织都是铁素体和珠光

体，但组织中的珠光体量随含碳量的增大而增加。不同含碳量的亚共析钢的组织组成物及相组成物的量均可由杠杆定律计算。

（三）过共析钢

其对应于图 4-4 中的（3）线。

当液相缓冷至液相线温度时，开始从液相中结晶出奥氏体，在液相线到固相线温度区间内组织为液相和奥氏体，到固相线温度时全部变为奥氏体组织；到 *ES* 温度时，奥氏体中碳的溶解度随温度的降低而降低，开始从奥氏体中析出二次渗碳体 Fe_3C_{II}，二次渗碳体一般沿奥氏体晶界析出而呈网状分布，随着温度下降，二次渗碳体量逐渐增加；当缓冷至共析温度（727 ℃）时，奥氏体发生共析反应，转变为珠光体，共析反应结束后组织为珠光体+二次渗碳体；温度再下降时不再发生变化，因此过共析钢室温组织为珠光体+二次渗碳体。图 4-9 为过共析钢结晶过程组织转变示意图，图 4-10 为过共析钢的显微组织。

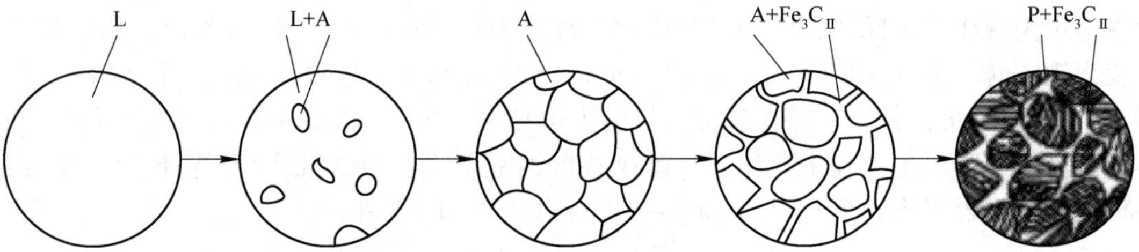

图 4-9　过共析钢结晶过程组织转变示意图

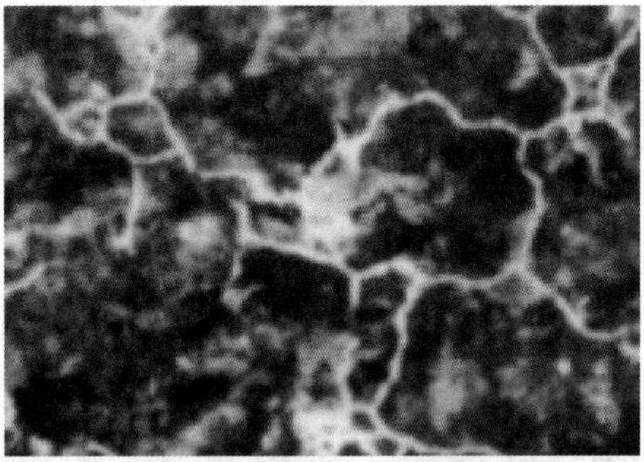

图 4-10　过共析钢的显微组织

所有过共析钢（含碳量在 0.77%～2.11%）室温下的平衡组织均为珠光体和二次渗碳体，但组织中的二次渗碳体的量随含碳量的增大而增加。

（四）共晶白口铸铁

其对应于图 4-4 中的（5）线。

当液相缓冷至共晶温度（1148 ℃），液相发生共晶反应，结晶出奥氏体和渗碳体的机械混合物，即高温莱氏体 Ld，呈蜂窝状，共晶反应结束时组织全部为高温莱氏体 Ld；由固相线温度继续冷却，从莱氏体的奥氏体中不断析出二次渗碳体，二次渗碳体与 Ld 中的渗碳体混在一起，不易分辨；当温度降到共析温度（727 ℃）时，奥氏体发生共析反应生成珠光体，此时 Ld 转变为由珠光体与渗碳体组成的低温莱氏体 Ld′，共析反应结束后，组织全部为低温莱氏体 Ld′；温度降低至常温过程中组织保持不变，最终共晶白口铸铁常温组织为低温莱氏体 Ld′。图 4-11 为共晶白口铸铁结晶过程组织转变示意图，图 4-12 为共晶白口铸铁的显微组织。

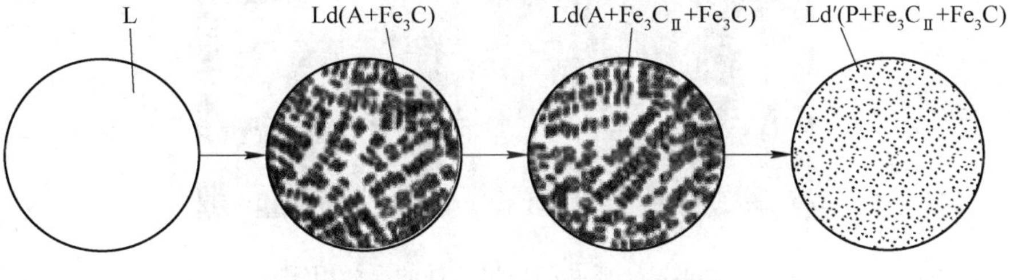

图 4-11　共晶白口铸铁结晶过程组织转变示意图

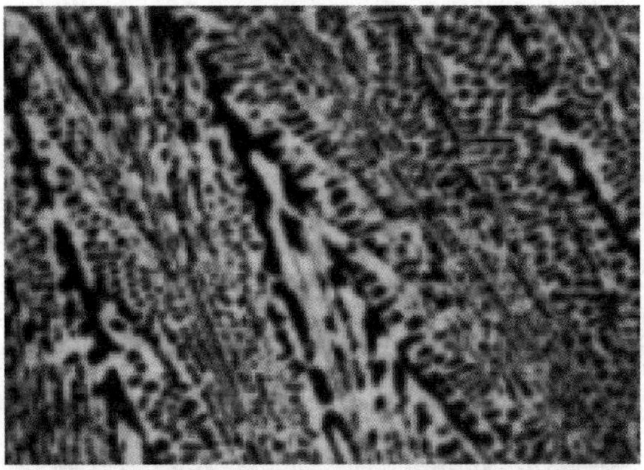

图 4-12　共晶白口铸铁的显微组织

（五）亚共晶白口铸铁

其对应于图 4-4 中的（4）线。

当液态合金冷至液相线温度时，开始结晶出奥氏体，在液相线和固相线温度区间，组织为液相和奥氏体；当温度降至共晶温度（1148 ℃）时，剩余的液相发生共晶反应生成高温莱氏体 Ld，共晶反应结束后组织为奥氏体和高温莱氏体；继续缓冷，在共晶和共析温度区间，从奥氏体中析出二次渗碳体，二次渗碳体沿奥氏体晶界呈网状分布，此时组织为 $A+Fe_3C_{Ⅱ}+Ld$；当温度降至共析温度（727 ℃）时，奥氏体发生共析转变生成珠光体，高温莱氏体 Ld 变为低温莱氏体 Ld′，共析反应结束时组织为 $P+Fe_3C_{Ⅱ}+Ld'$；温度继续降低至常温，组织保持不变，最终亚共晶白口铸铁常温组织为 $P+Fe_3C_{Ⅱ}+Ld'$。图 4-13 所示为亚共晶白口铸铁的显微组织。

所有亚共晶白口铸铁（含碳量在 2.11%～4.3%）的室温组织均为 $P+Fe_3C_{Ⅱ}+Ld'$，但

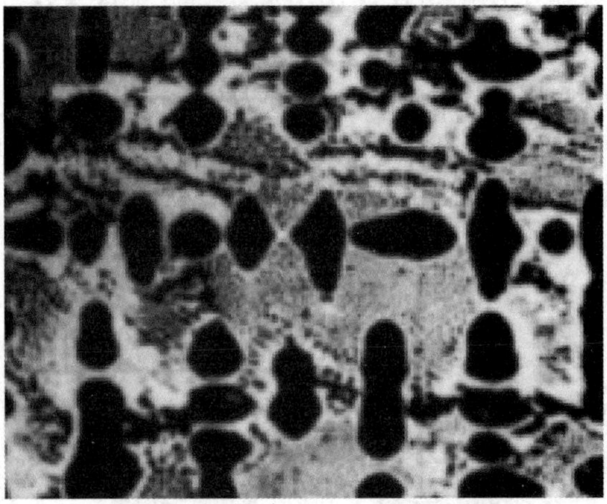

图 4-13　亚共晶白口铸铁的显微组织

组织组成物的含量不同。

（六）过共晶白口铸铁

其对应于图 4-4 中的（6）线。

液相缓冷至 *CD* 温度时，开始从液相中结晶出一次渗碳体，呈粗大的片状；当温度下降至共晶温度（1148 ℃）时，剩余液相发生共晶反应生成高温莱氏体 Ld，共晶反应结束后组织为高温莱氏体和一次渗碳体；在共晶温度和共析温度之间时，组织基本不变；当温度降至共析温度（727 ℃）时，高温莱氏体 Ld 变为低温莱氏体 Ld′，共析反应结束时组织为低温莱氏体和一次渗碳体；温度再降低至常温，组织保持不变，最终过共晶白口铸铁常温组织为高温莱氏体和一次渗碳体。如图 4-14 所示为过共晶白口铸铁的显微组织。

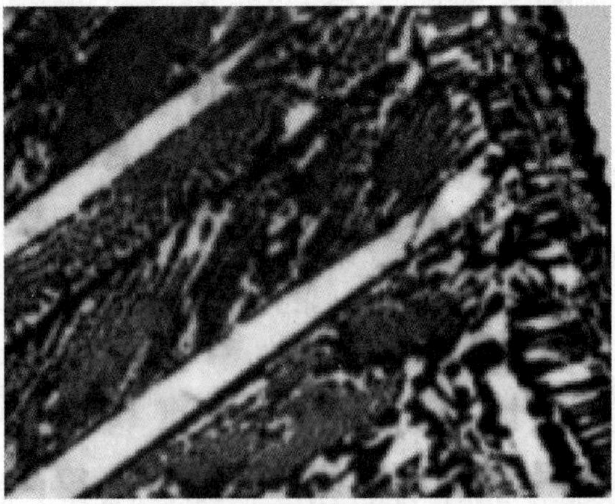

图 4-14　过共晶白口铸铁的显微组织

所有过共晶白口铸铁（含碳量在 4.3%～6.69%）的室温平衡组织均为一次渗碳体和低温莱氏体，但组织组成物的含量不同。

三、铁碳合金成分、组织、性能间的关系

（一）铁碳合金成分对组织的影响

由 Fe-Fe_3C 相图可知，随着含碳量的增加，铁碳合金的组织组成物发生如图 4-15（a）的变化，即 F→F+P→P+$Fe_3C_{Ⅱ}$→P+$Fe_3C_{Ⅱ}$+Ld′→Ld′→Ld′+$Fe_3C_{Ⅰ}$→Fe_3C。而且组织组成物的相对含量也可由杠杆定律求出，数量关系如图 4-15（b）所示。铁碳合金的相组成物的变化为：铁素体 F 不断减少，渗碳体 Fe_3C 不断增加，由杠杆定律计算的数量关系如图 4-15（c）所示。

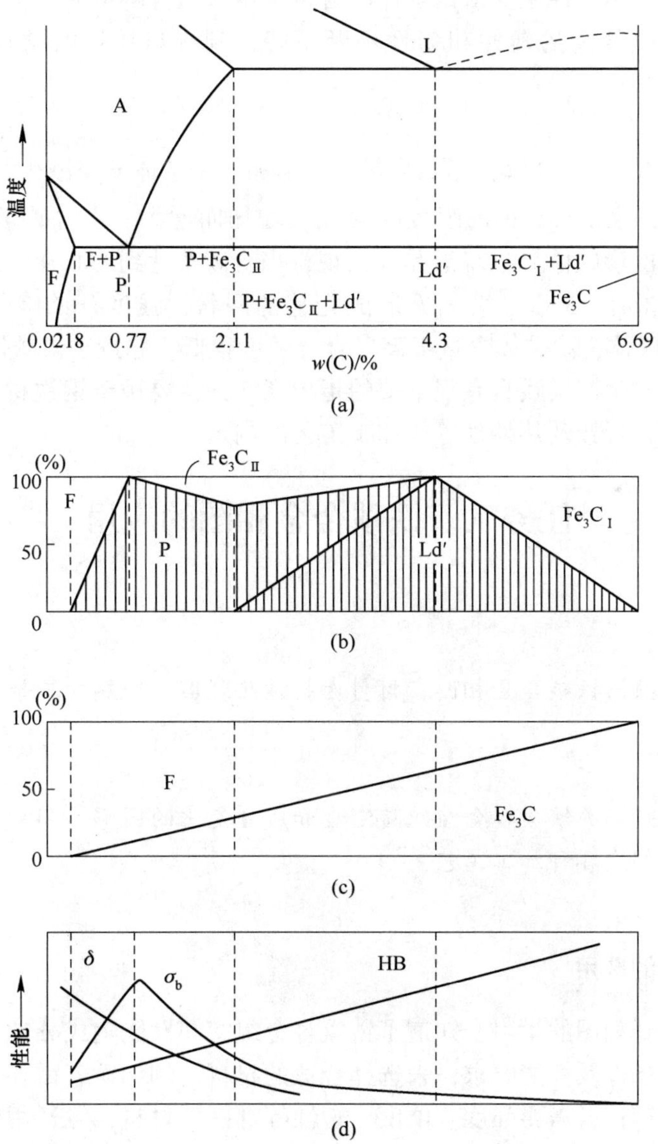

图 4-15　铁碳合金成分、组织和性能的关系

（二）铁碳合金成分对力学性能的影响

综上所述，由于铁碳合金成分影响其组织，因而对合金力学性能产生影响，如图 4-15（d）所示。

1. 硬度

硬度主要取决于组织组成物的硬度及相对数量，不受组织的形态影响。铁碳合金随含碳量的增加，高硬度的 Fe_3C 数量增加，低硬度的 F 数量减少，故铁碳合金的硬度不断增加。

2. 塑性和韧性

铁碳合金的塑性和韧性主要由铁素体的含量决定。随含碳量的增加高塑韧性的铁素体 F 数量减少，故铁碳合金的塑性和韧性不断下降，到白口铸铁时塑性和韧性几乎下降为零。

3. 强度

随含碳量的增加，亚共析钢中 Fe_3C 量逐渐增加，铁素体 F 量减少，而 Fe_3C 的强度较高，F 的强度较低，故亚共析钢的强度随含碳量增加而增大。当含碳量超过共析成分后，由于强度很低的二次渗碳体 Fe_3C_{II} 沿晶界出现，当含碳量达到约 0.9%时，强度达到最大。当含碳量大于 0.9%后，Fe_3C_{II} 沿晶界形成完整的网状，强度开始降低，到含碳量超过 2.11%时，出现莱氏体，渗碳体含量很高，合金强度很低，趋近于渗碳体的强度。

铁碳合金相图对生产实践具有很重要的指导意义，主要用于钢铁材料的选用，还可用于指导铸造、锻造、焊接及热处理等热加工工艺的制定。

任务三　铁碳合金相图的应用

【任务介绍】

本任务主要是熟悉铁碳合金相图在材料选材、热处理、冷热加工等方面的应用。

【相关知识】

铁碳合金相图是有关铁碳合金组织随温度和成分变化的图形，利用相图知识可以分析铁碳合金的性能并制定各种加工工艺。

一、铁碳合金的选用

通过对铁碳合金相图的学习，知道了铁碳合金组织和性能随成分的变化规律，因此可以根据零件的工作条件及性能要求，来选择合适的材料。例如，若需要塑性好、韧性高的材料，可选用低碳钢；若需要强度、硬度、塑性等都好的材料，可选用中碳钢；若需要硬度高、耐磨性好的材料，可选用高碳钢；若需要耐磨性高、不受冲击的工件用材料，可选用白口铸铁。

二、工艺的制定

（一）铸造工艺的制定

（1）铸钢和铸铁的浇注温度。浇注温度一般在液相线以上温度范围，如图 4-16 所示。

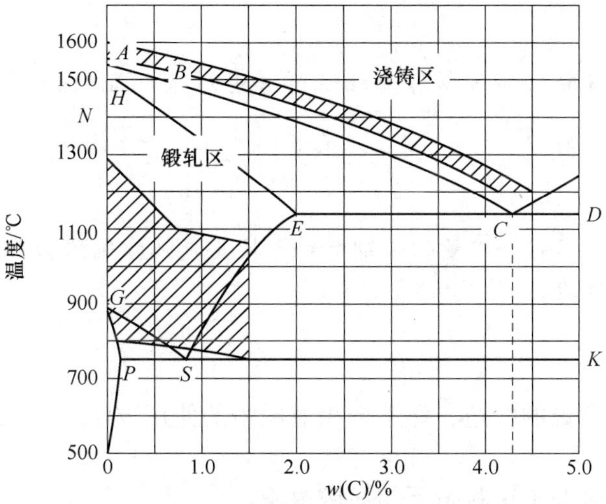

图 4-16　相图与热加工的关系

（2）铸造材料成分的选择。共晶成分的铁碳合金熔点最低，结晶温度范围最小，具有良好的铸造性能。在铸造生产中，经常选用接近共晶成分的铸铁。

（3）铸造工艺提供依据。如钢的熔化温度和浇注温度与铸铁相比要高得多，且结晶温度宽，流动性差，故铸造性能较差，且收缩剧烈，因而钢的铸造工艺比较复杂。

（二）压力加工工艺的制定

奥氏体的强度较低，塑性较好，便于塑性变形，因此，钢材的锻造、轧制均选择在单相奥氏体区适当温度范围进行。一般始锻（轧）温度控制在固相线以下 100~200 ℃，如图 4-16 所示，温度过高，钢材易发生严重氧化或晶界熔化。终锻（轧）温度的选择可根据钢种和加工目的不同进行选择：对亚共析钢，一般控制在 *GS* 线以上，避免在加工时，铁素体呈带状组织而使钢材韧性降低；为了提高强度，某些低合金高强度钢选择 800 ℃为终轧温度；对过共析钢，则选择在 *PSK* 线以上某一温度，以便打碎网状二次渗碳体。

（三）焊接工艺的制定

焊接时，焊缝及母材各区域由焊缝向外形成温度梯度，根据铁碳相图，可分析受不同加热温度的各区域在随后的冷却中可能会出现的不同组织与性能，并需要在焊接后采用热处理方法加以改善。

（四）热处理工艺的制定

铁碳合金相图纵坐标表征温度与合金的变化关系，故对制定热处理工艺有着特别重要的指导意义。它可以确定热处理的加热工艺温度以及冷却后的组织组成和性能。这将在后续项目中详细介绍。

任务四　铁碳合金平衡组织观察

【任务介绍】

本任务要求学生按要求加工制作金相试样并通过金相显微镜观察其组织并分析组织性能。

【相关知识】

同一学生随机分配不同含碳量的碳钢材料，按要求尺寸制作金相试样，抛光腐蚀后观察金相组织并分析其性能。

一、试验任务

（1）了解金相显微镜的构造，熟悉金相显微镜的使用方法；金相试样的制备原理，掌握金相显微镜的使用方法。

（2）观察铁碳合金在平衡状态下的显微组织。

（3）分析含碳量对铁碳合金显微组织的影响，从而加深理解成分、组织与性能之间的相互关系。

二、试验设备与材料

（1）切割机、镶嵌机、砂轮机、金相砂纸、抛光机、腐蚀剂（3%～5%硝酸酒精溶液）、吹风机、脱脂棉。

（2）金相显微镜。

（3）退火状态：45、T8、T12；铸态：亚共晶白口铸铁、共晶白口铸铁、过共晶白口铸铁。

三、试验原理

铁碳合金的显微组织是研究和分析钢铁材料性能的基础，所谓平衡状态的显微组织是指合金在极为缓慢的冷却条件下（如退火状态，即接近平衡状态）所得到的组织。我们可根据 $Fe\text{-}Fe_3C$ 相图来分析铁碳合金在平衡状态下的显微组织。

铁碳合金的平衡组织主要是指碳钢和白口铸铁组织，其中碳钢是工业上应用最广的金属材料，它们的性能与其显微组织密切相关。此外，对碳钢和白口铸铁显微组织的观察和分析，有助于加深对 $Fe\text{-}Fe_3C$ 相图的理解。所有碳钢和白口铸铁的室温组织均由铁素体（F）和渗碳体（Fe_3C）这两个基本相所组成。但是由于含碳量不同，铁素体和渗碳体的相对数量、析出条件以及分布情况均有所不同，因而呈现各种不同的组织形态。

四、试验步骤

（1）制作金相试样。切割→精磨→硬度测定→镶嵌→精磨。

（2）金相组织观察。抛光→腐蚀→金相组织观察。

（3）确定合金类型并画出金相组织。

（4）试验结果分析。

思考题与习题

4-1 铁碳合金的基本相有哪些，它们的性能怎么样？

4-2 铁碳合金的生成相有哪些，它们有什么差别？

4-3 默画铁碳合金相图，并说明相图中各特性点、线的含义。

4-4 典型的铁碳合金是如何分类的？试举例叙述它们的结晶过程。

4-5 铁碳合金的含碳量是如何影响合金性能的？

4-6 举例说明铁碳合金相图在生产中的重要作用。

项目五　钢的热处理

【项目简介】

钢的热处理是指将钢在固态下进行加热、保温和冷却，以改变其内部组织，从而获得所需性能的一种工艺方法。和其他冷、热加工方法相比较，热处理只改变工件的内部组织和性能而不改变工件的外观形状和尺寸。

通过热处理可提高工件的强度、硬度、塑性和韧性等力学性能及改善物理化学性能，充分发挥钢材的潜力，延长工件的使用寿命降低生产成本；也可改善零件切削加工性能，方便加工工艺。随着科学和现代工业技术的进步，热处理技术也日新月异，在改善和强化金属材料、提高产品质量、提高经济效益方面发挥着更加巨大的作用。

本项目主要介绍钢的热处理工艺方法有关知识，并通过操作训练掌握各种工艺方法的应用以及热处理设备操作基本技能。

本项目的重点是钢等温转变与连续转变关系及普通热处理工艺方法。难点各种热处理工艺方法的正确选择与应用。

【任务解析】

表 5-1　项目五任务解析

任务序号	任务名称	任务主要内容	建议课时	备注
任务一	钢在加热时的组织转变	钢在热处理时的加热温度；加热时相与相之间的转变；热处理加热时对晶粒度的影响	2+4	中高职使用
任务二	钢在冷却时的组织转变	过冷奥氏体等温转变；奥氏体等温转变产物；过冷奥氏体连续冷却转变	6+4	高职使用，中职选用
任务三	钢的普通热处理	退火；正火；淬火；回火；淬透性	8+20	中高职使用
任务四	其他类型热处理	表面淬火；化学热处理；其他热处理新工艺	4+10	高职使用，中职选用

根据热处理的目的和在加工过程中的工序位置，可分为预备热处理和最终热处理两大类。预备热处理一般安排在毛坯来料之后、切削加工之前，其主要作用是均匀细化毛坯中的组织及分布，消除或减小内应力，调整硬度，改善切削加工性能。最终热处理一般安排在粗加工或半精加工之后、精加工之前，主要目的是改变工件的组织，提高性能，特别是力学性能，以满足工件的使用性能要求。

要了解各种热处理方法对钢的组织与性能的改善情况，就必须遵循铁碳合金相图中相与组织的变化规律，必须研究热处理时钢在加热和冷却过程中的组织转变规律。

任务一　钢在加热时的组织转变

【任务介绍】

本任务主要是掌握钢在热处理时需要加热到什么样的温度；熟悉加热时相与相之间的转变过程、特点；掌握热处理加热时都有哪些因素影响晶粒度。

【相关知识】

热处理加热时，加热温度不同可以达到的目的不同，加热温度的高低决定了是否发生相变，加热过程中哪些因素会影响晶粒的长大。

一、加热温度

热处理加热时发生相变是需要达到一定温度的，加热的温度及相变的规律可用 $Fe\text{-}Fe_3C$ 相图进行研究。图 5-1 为 $Fe\text{-}Fe_3C$ 相图的左下部分，由图 5-1 可知，碳钢被缓慢加热至 A_1、A_3、A_{cm} 临界温度以上时要发生组织转变。但实际热处理生产中，相变并不是按相图中所表示的温度进行，而是随加热和冷却条件下发生过热和过冷进行的。过热度和过冷度随加热速度或冷却速度呈正比例关系。因而加热和冷却时的临界温度不同。发生组织转变的温度与相图所示的 A_1、A_3、A_{cm} 有一定偏离，实际加热时各临界转变温度为 A_{c1}、A_{c3}、A_{ccm}，冷却时各临界转变温度为 A_{r1}、A_{r3}、A_{rcm}，如图 5-1 所示。

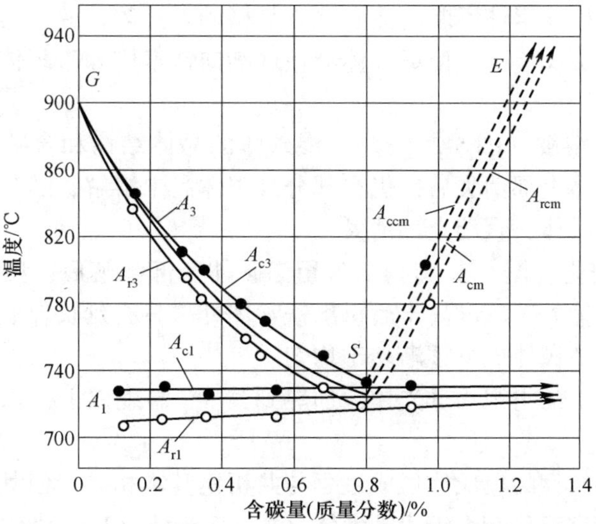

图 5-1　相图中临界点的变化

热处理时的加热温度主要由钢的临界转变温度 A_{c1}、A_{c3}、A_{ccm} 确定，不同含碳量及合金含量的钢进行不同的热处理时临界温度也不尽相同。如亚共析钢退火时加热温度要高于

其 A_{c3}；过共析钢退火加热温度高于其 A_{c1} 以上即可，过共析钢正火加热温度高于其 A_{ccm}。可以看出，钢的种类不同或热处理目的不同，其加热温度也不尽相同。

二、转变过程

钢在进行热处理加热时，任何成分的碳钢加热到一定温度时，其组织都要发生珠光体 P（$F+Fe_3C$）向奥氏体 A 的转变，称为“奥氏体化”。奥氏体形成过程是通过晶格改组和铁、碳原子的扩散进行的，分为 4 个阶段，如图 5-2 所示。

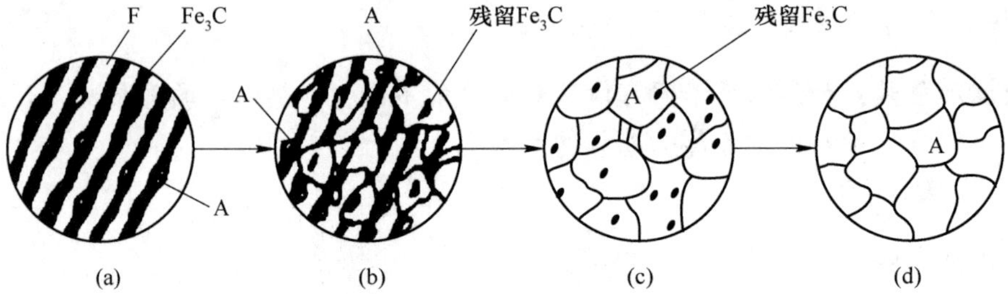

图 5-2　共析钢奥氏体形成过程示意图

（a）奥氏体晶核的形成；（b）奥氏体晶核的长大；（c）残留渗碳体溶解；（d）奥氏体均匀化

（1）奥氏体晶核的形成（图 5-2（a））。奥氏体晶核优先在铁素体和渗碳体的相界面上形成。这是由于相界面上原子排列比较紊乱，位错密度较高，空位较多，成分不均匀，而且奥氏体含碳量处于铁素体和渗碳体之间，于是在奥氏体晶核形成时提供了足够的浓度起伏和结构起伏，有利于奥氏体的形核。

（2）奥氏体晶核的长大（图 5-2（b））。奥氏体晶核形成后，通过铁、碳原子的扩散，使相邻的体心立方晶格铁素体不断向面心立方晶格的奥氏体转变，与其相邻的渗碳体则随温度升高不断溶入到奥氏体中，使奥氏体晶核逐渐向铁素体和渗碳体两个方面长大，直至铁素体全部转变为奥氏体。

（3）残留渗碳体溶解（图 5-2（c））。渗碳体的晶体结构和含碳量都与奥氏体有很大差别，因此，当铁素体全部消失后，仍有部分渗碳体尚未溶解，随着保温时间的延长，残留渗碳体不断溶入奥氏体，直至全部消失。

（4）奥氏体均匀化（图 5-2（d））。残留渗碳体全部溶解后，奥氏体中碳原子的分布不均匀，先析出渗碳体处碳浓度高于后析出铁素体处，只有延长保温时间，通过高温下碳原子的扩散，才能使奥氏体成分逐渐趋于均匀。

共析碳钢在室温下的组织为珠光体，加热到其 A_{c1} 温度以上，珠光体通过上述 4 个过程转变为奥氏体。

亚共析钢和过共析钢的奥氏体形成过程与共析钢基本相同，但其完全奥氏体化的过程有所不同。亚共析钢室温平衡组织为铁素体（F）+珠光体（P），加热到 A_{c1} 以上时，组织中珠光体转变为奥氏体，继续加热，在 A_{c1} ~ A_{c3} 的升温过程中，铁素体逐渐转变为奥氏体，直至加热温度超过 A_{c3} 点时，亚共析钢组织全部转变为奥氏体。过共析钢室温平衡组织为珠光体（P）+二次渗碳体（Fe_3C_{II}），加热到 A_{c1} 以上时，组织中珠光体转变为奥氏体，继续加热，在 A_{c1} ~ A_{ccm} 温度范围内继续加热升温，二次渗碳体逐步溶入奥氏体中，

当温度超过 A_{ccm} 点时，二次渗碳体完全溶解于奥氏体中，组织全部为奥氏体。

奥氏体化过程转变速度的影响因素主要有钢的化学成分、原始组织、加热温度和加热速度等。钢中含碳量增加，铁素体和渗碳体相界面数量增多，有利于奥氏体的形成；在钢中加入合金元素，不能改变奥氏体形成的基本过程，但却对奥氏体形成速度有显著的影响；钢的化学成分相同时，组织中珠光体组织越细小，奥氏体形成速度越快，层片状比粒状珠光体相界面大，加热时奥氏体更容易形核；在连续加热时，随着加热速度不断加快，奥氏体形成温度也不断升高，形成奥氏体温度范围扩大，转变时间减小。

三、奥氏体晶粒长大及其控制措施

钢中奥氏体晶粒的大小对冷却后的组织和性能有很大的影响，奥氏体晶粒越细小，冷却后其转变产物的晶粒也越细小，其综合力学性能也就越好；反之，转变产物的晶粒就越粗大，其力学性能也就越差。因此，控制热处理时奥氏体晶粒的大小是评定热处理加热质量的主要指标之一。

（一）起始晶粒度

将钢加热到临界点以上时，由珠光体刚刚转变成奥氏体时晶粒是细小的，此时称为起始晶粒度。此后，随着加热温度的升高或保温时间的增加，都会使奥氏体晶粒随之长大。

（二）实际晶粒度

实际热处理过程中绝大多数情况下都要进行加热和保温，奥氏体晶粒都要随这两个过程不断地长大，它是一个自发的过程。钢在某一具体加热条件下实际获得的奥氏体晶粒大小，称为奥氏体的实际晶粒度。实际晶粒度一般总比起始晶粒度大。

金属组织中晶粒的大小用晶粒度级别指数来表示。如图 5-3 所示，采用比较的方法来测定钢的奥氏体晶粒大小。晶粒度分为 8 级，1~4 级为粗晶粒度，5~8 级为细晶粒度。

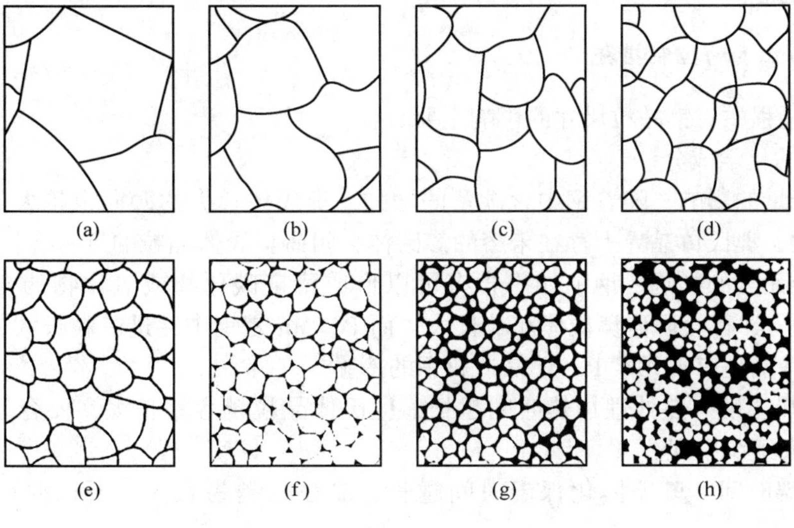

图 5-3　标准晶粒度等级示意图

(三) 本质晶粒度

不同的钢在加热时奥氏体长大的倾向是不同的，经常把加热时奥氏体晶粒长大的标准用本质晶粒度表示。奥氏体晶粒容易长大的钢称为“本质粗晶粒钢”，反之，奥氏体晶粒不容易长大的钢称为“本质细晶粒钢”，如图 5-4 所示。

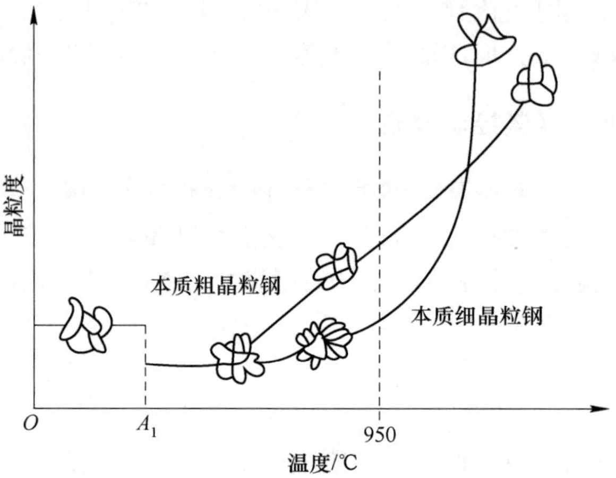

图 5-4　钢的本质晶粒度示意图

本质晶粒度是由钢的成分和冶炼条件决定的，一般用铝脱氧的钢或含钛、钒、钨等合金元素的钢为本质细晶粒钢，而只用硅锰脱氧的钢为本质粗晶粒钢。沸腾钢一般为本质粗晶粒钢，镇静钢一般为本质细晶粒钢。需要进行热处理的工件多采用本质细晶粒钢，一般热处理加热温度都在 950 ℃以下，因此奥氏体晶粒不易长大，可避免过热的出现。

本质晶粒度在热处理中有重要意义。如渗碳是在高温长时间下进行的热处理，若采用质细晶粒钢，渗碳后可直接淬火，得到细小组织；若用本质粗晶粒钢，将使奥氏体粗化，产生过热缺陷。

(四) 晶粒度的控制措施

热处理过程中对钢晶粒尺寸的影响主要有：

(1) 钢的化学成分。

1) 含碳量的影响。随着钢中含碳量的增加，奥氏体长大的倾向也越大。但当含碳量超过 1.2%时，奥氏体晶界上存在未溶的渗碳体会阻碍奥氏体晶粒的进一步长大。

2) 合金元素的影响。钢中如果含有可以形成稳定碳化物或氧化物的合金元素（如 Nb、Ti、V 等），都会阻碍奥氏体晶粒长大，而 P、Mn 是钢中促进晶粒长大的元素，应控制其含量，特别是有害元素 P，还易造成钢的冷脆。

(2) 加热温度。热处理加热时间越长，奥氏体晶粒越容易长大，要合理选择加热温度，避免粗大组织出现。

(3) 保温时间。奥氏体化保温时间越长，晶粒也越易长大，所以要严格控制保温时间。

(4) 过冷度、原始组织等。增大过冷度有利于晶粒细化；选择本质细晶粒钢热处理后组织可越细小。

四、奥氏体组织的观察及了解加热温度对奥氏体晶粒尺寸的影响

（一）试验任务

了解奥氏体的组织特征和加热温度与奥氏体晶粒尺寸的关系。

（二）试验设备与材料

（1）金相显微镜。

（2）切割机、砂轮机、镶嵌机、砂纸、抛光机、腐蚀剂（3%～5%硝酸酒精溶液）、脱脂棉、吹风机、显微硬度计。

（3）1Cr18Ni9。

（三）试验原理

将钢加热到相变温度以上得到奥氏体，它是具有面心立方晶格的间隙固溶体，故它具有高的塑性和低的屈服强度，在相变过程中易产生塑性变形，产生大量的晶体缺陷，从而使强度硬度升高。C 在其中的最大溶解度为 2. 11%。

在铁碳合金中，奥氏体只在 A_1 温度以上才稳定，因此只有用高温显微镜才能观察到它的晶粒组织。如果加入足够合金元素扩大其 γ 相区，增加奥氏体稳定性直到室温，这样在室温条件下也可直接观察到奥氏体的组织。

（四）试验内容及步骤

本次试验旨在观察奥氏体组织的典型结构特征，了解奥氏体晶粒大小对于材料性能的影响。

（1）制备试样。根据试验条件和试验要求，选用钢材按标准制备和腐蚀试样。

（2）金相组织观察。利用金相显微镜对奥氏体的组织进行观察，同时观察不同工艺条件下同种试样的晶粒度大小的区别。

（3）硬度测定。利用显微硬度计测定不同晶粒度大小的试样的硬度。

（4）试验结果及报告。

任务二　钢在冷却时的组织转变

【任务介绍】

本任务主要是了解共析钢等温转变是如何进行的；掌握共析钢等温转变曲线的表征及奥氏体等温转变产物；重点掌握热处理连续冷却转变与等温转变的关系。

【相关知识】

钢经过热处理加热后（奥氏体），由于冷却手段不同，因而冷却速度也不尽相同，最

终得到的组织液有很大的差异。

热处理过程中冷却方式有两种，即等温冷却和连续冷却。等温冷却转变是加热到相变温度以上奥氏体化后，快速冷却到相变点 A_{r1} 以下某一温度，并等温一段时间，待过冷奥氏体转变完全后，再冷却到室温；连续冷却转变是加热到相变温度以上奥氏体化后，以不同冷却速度连续冷却到室温，在冷却的过程中过冷奥氏体发生转变。但是等温冷却也好，连续冷却也好，它们的组织转变都不能用铁碳合金相图来分析，因为在实际冷却过程中是不可能以极慢的冷却方式来完成，故我们需要根据实际冷却条件绘制奥氏体转变规律的图形来分析。

一、过冷奥氏体等温冷却转变

以共析钢为例，用若干组共析钢的小圆片试样，经同样奥氏体化以后，每组试样各以一个恒定速度连续冷却，每隔一段时间取出一个试样淬入水中，将高温分解的状态固定到室温，然后进行金相测定，求出每种转变的开始温度、开始时间和转变量。将各个冷速下的数据综合绘在“温度-时间（对数）”的坐标中，便得到共析钢的连续冷却 C 曲线，简称“C”曲线，其测定与绘制如图 5-5 所示。

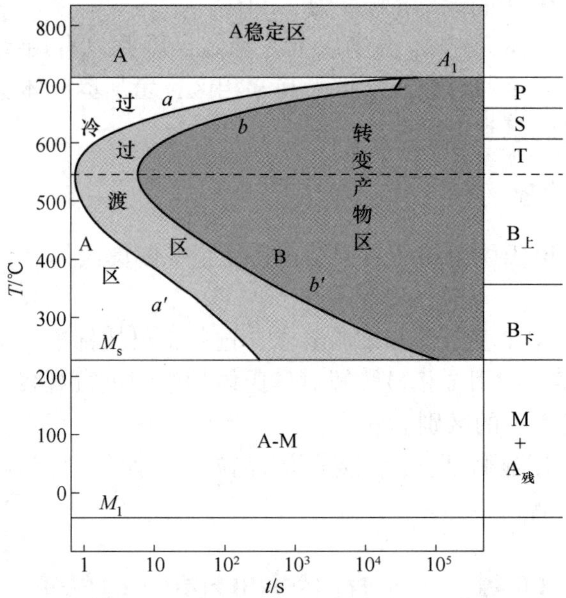

图 5-5　共析钢等温转变曲线的测定

奥氏体冷却至临界点 A_1 以下，由于冷却速度很快，奥氏体没有来得及发生转变但又处于相变温度以下故称为“过冷奥氏体”，它处于不稳定状态，经过一个孕育期后会发生转变。将加热奥氏体化后的钢快速冷却到 A_{r1} 以下各个不同的温度，分别测出各温度下，过冷奥氏体转变的开始时间、终止时间，将这些时间画在温度-时间坐标图上，并把各转变开始点和转变终了点分别用平滑曲线连起来，便得到钢的过冷奥氏体等温转变曲线。由于曲线形状与字母“C”相似，故又称 C 曲线。如图 5-6 共析钢的等温转变 C 曲线。

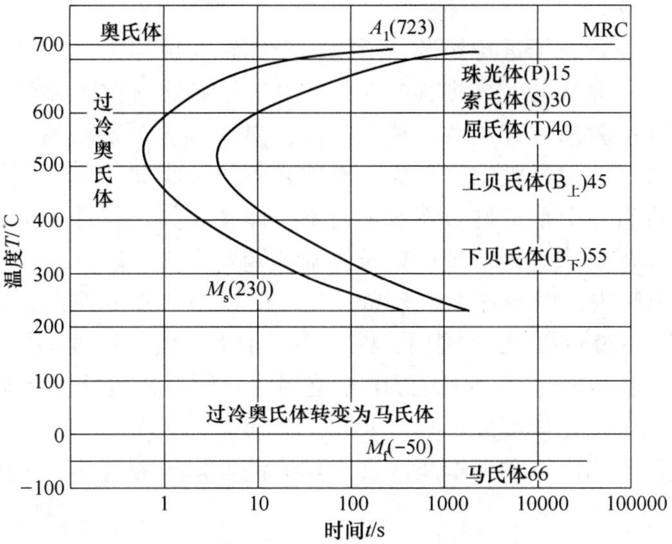

图 5-6　共析钢等温转变曲线

图 5-6 左边一条曲线为过冷奥氏体等温转变开始线，右边一条曲线为过冷奥氏体等温转变终止线。A_1 线以上是奥氏体稳定区；A_1 线以下，转变开始线以左是过冷奥氏体存在区；A_1 线以下，转变终止线以右是转变产物区；转变开始线和转变终止线之间是过冷奥氏体和转变产物共存区。

在一定温度下，转变开始线以左的那段时间为孕育期，孕育期越长，过冷奥氏体越稳定，反之越不稳定。共析钢等温转变曲线拐弯处（或称鼻尖）约为 550 ℃，孕育期最短，过冷奥氏体最不稳定，转变速度最快。M_s 是指钢经奥氏体化后快速冷却时，过冷奥氏体产生马氏体转变的开始温度；M_f 是指钢快速冷却时，过冷奥氏体产生马氏体转变的终止温度。从 M_s 点到 M_f 点，马氏体量不断增多，到 M_f 点时全部转变为马氏体。

A_1 点至 C 曲线鼻尖区间的高温转变是珠光体型转变，转变产物是珠光体 P、索氏体 S、屈氏体 T；C 曲线鼻尖至 M_s 点区间的中温转变是贝氏体型转变，转变产物是贝氏体 B；在 M_s 点以下的低温转变是马氏体型转变，转变产物是马氏体。

二、奥氏体冷却时的转变产物及性能

实际热处理过程中冷却时的速度是比较快的，一般不采用等温或是缓慢冷却，这样生产率会很低，并且 $Fe\text{-}Fe_3C$ 相图是在接近平衡状态下（极其缓慢加热或冷却条件下）建立的，因此热处理过程中奥氏体的组织转变不能采用铁碳合金相图来描述。通过上述实验证明，奥氏体过冷到 A_{r1} 以下不同的温度时会向不同的组织发生转变。按照过冷奥氏体转变时温度的高低和组织形态，过冷奥氏体的转变分为 3 种：珠光体转变、贝氏体转变、马氏体转变。下面以共析钢的过冷奥氏体转变为例，说明 3 种转变过程、转变产物及性能。

（一）珠光体转变

过冷奥氏体的珠光体转变属于高温转变，转变温度在 A_1 ~ 550 ℃之间，由过冷奥氏体转变为层片状的珠光体。

转变过程中，铁、碳原子进行扩散，所以珠光体转变也称为扩散型转变，转变过程也是通过形核和核长大来完成的，如图 5-5 所示。由于晶界处存在着能量、结构、成分上的不同，优先在奥氏体晶界形成渗碳体小片状晶核，渗碳体含碳量较高，它的形成造成其周围奥氏体中含碳量降低，促进铁素体形成，而铁素体的形成又促使其周围富碳，促进渗碳体形成，如此反复进行，会形成许多铁素体与渗碳体叠加的片层珠光体。同时，晶界上其他部分也在这样不断形成珠光体，最后奥氏体全部转变为珠光体。

在 A_1 ~650 ℃范围内，因转变温度较高，过冷度较小，故得到铁素体与渗碳体片层间距较大的珠光体；在 650~600 ℃范围内，因过冷度增大，转变速度加快，得到片层间距较小的细珠光体即索氏体（S）；在 600~550 ℃范围内，因过冷度更大，转变速度更快，得到片层间距更小的极细珠光体即屈氏体（T）。

珠光体、索氏体、屈氏体并无本质区别，均为铁素体与渗碳体组成的机械混合物，只是形态上不同，如图 5-7 所示。

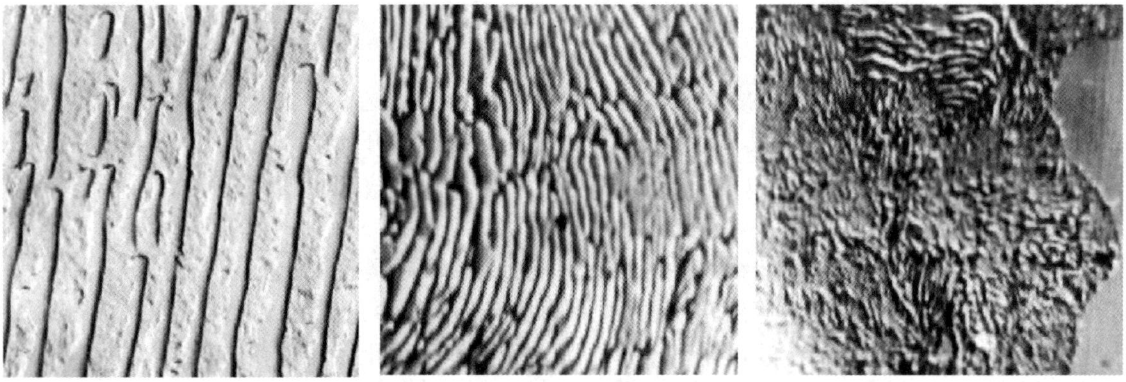

图 5-7　共析钢高温转变珠光体类型组织

珠光体、索氏体、屈氏体的硬度变化依次为 12~20 HRC、25~35 HRC、35~40 HRC。

（二）贝氏体转变

过冷奥氏体的贝氏体转变属于中温转变，转变温度在 550 ℃ ~ M_s（230 ℃）之间，过冷奥氏体转变为贝氏体（B），在 550 ~ 350 ℃之间的组织称为上贝氏体（$B_{上}$），在 350 ℃ ~ M_s 之间的组织称为下贝氏体（$B_{下}$）。

贝氏体是含碳的过饱和的铁素体和碳化物的混合物，贝氏体转变时只发生碳原子的扩散，铁原子不扩散，因此贝氏体转变是半扩散性转变。

上贝氏体为羽毛状，它由成束平行的过饱和的铁素体和片间断续分布的细条状渗碳体组成（图 5-8（a））。在光学显微镜下，铁素体呈黑色，渗碳体呈亮白色，整体上像羽毛状，如图 5-9 所示。上贝氏体组织中，渗碳体分布在铁素体条间，使条间易发生脆性断裂，因此上贝氏体性能较脆，基本无实用价值。

下贝氏体为竹叶状，它由含碳过饱和的针状铁素体和弥散分布的 ε-$Fe_{2\sim3}C$ 细片组成（图 5-8（b））。在光学显微镜下呈黑色针片状，如图 5-10 所示。下贝氏体组织中针片状铁素体细而且无方向性，碳的过饱和度大，ε碳化物弥散沉淀在针片状铁素体内，因此下贝氏体的强度、硬度、塑件、韧性均较好。如共析钢下贝氏体的硬度为45~55 HRC。

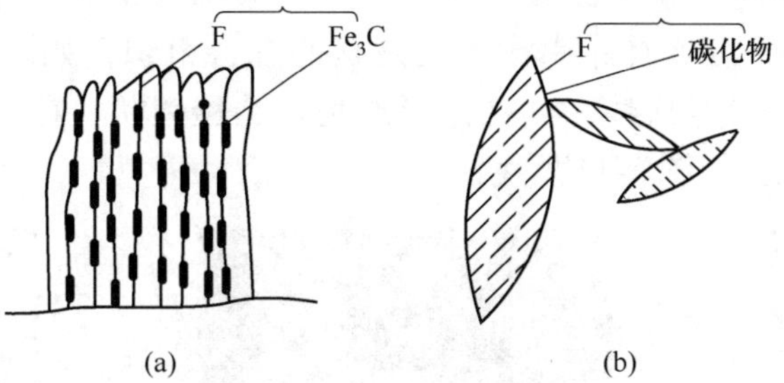

图5-8　贝氏体组织示意图

图5-9　上贝氏体组织

图5-10　下贝氏体组织

（三）马氏体转变

过冷奥氏体被迅速冷却到较低的温度后，发生了马氏体的转变，马氏体转变的温度范围是在230~−50 ℃（M_s~M_f）之间。由于冷却速度过快，故过冷度很大，转变温度低，铁、碳原子难以进行扩散只有依靠铁原子作短距离移动来完成γ-Fe的晶格向α-Fe的晶格切变改组；另外，马氏体形成速度极快，使原来固溶于奥氏体中的碳原子来不及随温度降低而析出，就被全部保留在α-Fe晶格中，形成了碳原子在α-Fe中的过饱和固溶体，即马氏体。马氏体中的含碳量与原来奥氏体中的含碳量相同。由于马氏体中碳的过饱和，形成的是α-Fe的体心立方晶格，如图5-11所示。

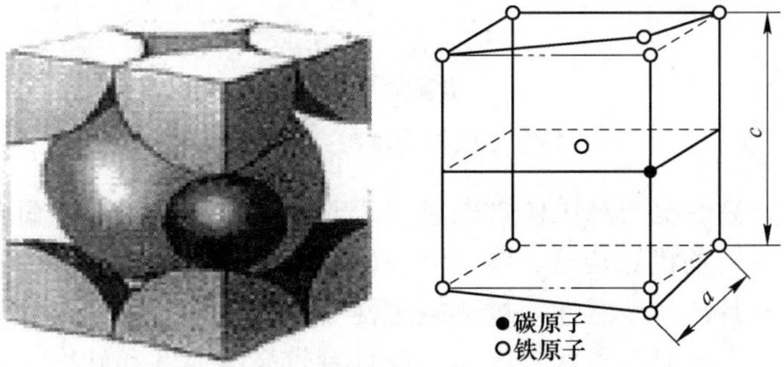

图5-11　马氏体体心立方晶格

马氏体组织形态主要有针片状和板条状两种，其组织形态主要取决于奥氏体的含碳量。若 $w(\text{C})<0.2\%$时，形成板条状低碳马氏体，其立体形态呈椭圆形截面的细长条状，成群相互平行地定向排列，故在显微镜下看为一束束细长板条状组织，如图 5-12 所示；若 $w(\text{C})=0.20\%\sim1.0\%$，形成针片状和板条状的混合组织，如图 5-13 所示；若$w(\text{C})>1.0\%$时，形成针片状高碳马氏体，其立体形态呈双凸透镜状，在显微镜下看到的是截面形态，故呈片状或针状，如图 5-14 所示。

图 5-12　板条状

图 5-13　针片状+板条状

图 5-14　针片状

马氏体的强度、硬度主要取决于马氏体的过饱和程度，即晶格畸变程度，它是由晶格中含碳量的多少来决定的。如图 5-15 所示，马氏体强度、硬度随马氏体含碳量的增加而升高，尤其是含碳量较低时增高比较明显，当马氏体的含碳量（质量分数）超过 0.6%以后就趋于平缓。

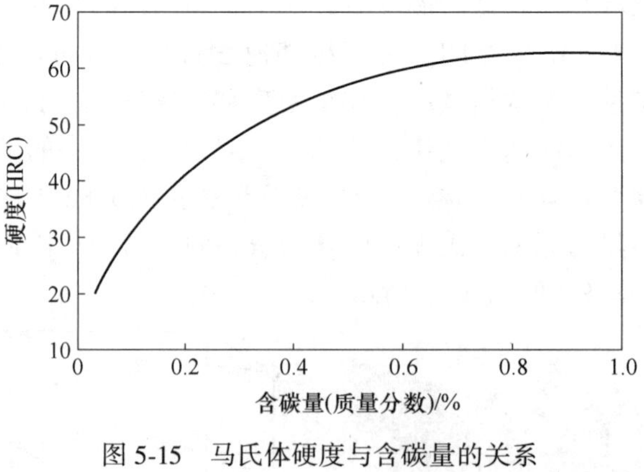

图 5-15　马氏体硬度与含碳量的关系

马氏体的塑性和韧性也与马氏体含碳量（即过饱和程度）有关。针片状高碳马氏体的塑性和韧性很低；而板条状低碳马氏体不但强度很高，而且具有良好的塑性和韧性，同时韧脆转变温度低，使其缺口敏感性、过热敏感性等也都较低。可见，针片状马氏体的性能特点是硬度高而脆性大；而板条状马氏体不仅具有较高的强度和硬度，还具有良好的塑性和韧性。

高碳钢和许多合金钢的 M_s 点在室温以上，而 M_f 点在室温以下，则淬火冷却到室温将保留相当数量未发生转变的奥氏体，这部分没有来得及发生转变的奥氏体称为残余奥氏体，常用 A' 表示。减少残余奥氏体可以提高钢的硬度和耐磨性，增加工件的尺寸稳定性，所以在冷却至室温之后还须继续冷却到零度以下，使残留奥氏体继续转变为马氏体。

（四）过冷奥氏体连续冷却转变

钢在实际热处理时，其奥氏体的冷却方式主要有随炉冷却（退火）、在空气中冷却（正火）、在水或油或盐浴等液体介质中冷却（淬火），属于连续冷却方式，转变产物应根据其奥氏体的连续冷却转变曲线来判断。目前生产中常应用过冷奥氏体等温转变曲线定性地、近似地来分析奥氏体在连续冷却中的转变。

将钢热处理时的连续冷却速度曲线画在等温转变“C”曲线上，根据其与“C”曲线相交的位置，可估计出连续冷却转变的产物。图 5-16 共析钢等温冷却“C”曲线及各种连续冷却速度曲线，图中 V_1 相当于随炉冷（退火），其相交于“C”曲线上部，故转变产物为珠光体；V_2 相当于空冷（正火），其相交了“C”曲线上部较低的温度，转变产物为索氏体；V_3 相当于油冷（淬火），其与“C”曲线上部较低温度处的转变开始线相交，未与转变终了线相交，部分过冷奥氏体转变为屈氏体，其余的被过冷到 M_s 点以下转变为马氏体，最后得到屈氏体与马氏体和残余奥氏体的混合组织；V_4 相当于水冷（淬火），其与 M_s 线相交，得到马氏体和残余奥氏体组织。V_K 与“C”曲线的鼻尖相切，是该钢淬火的临界冷却速度。

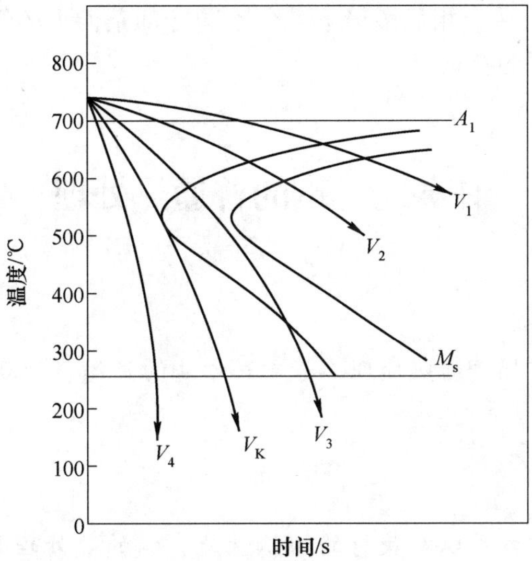

图 5-16　等温转变曲线上的连续冷却速度线

三、共析钢热处理冷却后的显微组织观察

（一）试验任务

（1）了解过冷奥氏体转变过程中的特点。

（2）观察珠光体、贝氏体和马氏体 3 种类型组织。

（二）试验设备与材料

（1）实验室用箱式电阻炉。
（2）金相显微镜。
（3）切割机、砂轮机、镶嵌机、砂纸、抛光机、腐蚀剂（3%～5%硝酸酒精溶液）、吹风机、脱脂棉。
（4）T8 钢。

（三）试验原理

钢的热处理一般都要有加热、保温、冷却 3 个过程，其中加热和冷却发生时都会经过临界点而发生组织转变。由于加热和冷却是一个不平衡过程，所以不能完全参考相图来判断分析组织的变化，因而通过使共析钢在不同温度下发生等温转变建立“C”曲线来了解组织的变化

（四）试验内容及步骤

（1）过冷奥氏体发生转变。将 T8 钢等分成若干块，加热至完全奥氏体化后，采用不同的冷却方法，使奥氏体发生不同的组织转变。
（2）金相试样制备。
（3）金相组织观察。在金相显微镜下观察不同冷却条件下的组织，辨别珠光体、贝氏体和马氏体 3 种类型组织的特征。
（4）试验结果及报告。

任务三　钢的普通热处理

【任务介绍】

本任务主要是重点掌握普通热处理工艺 4 种方法的目的、处理工艺、获得的组织和性能以及如何选用。

【相关知识】

根据加热温度、冷却方式以及获得的组织性能，钢的热处理常分为钢的普通热处理、表面热处理等。其中钢的普通热处理在工业生产中应用最为广泛。

钢的退火与正火都常用作预备热处理，主要是用来消除铸造、锻造、焊接等热加工过程中产生的某些缺陷（组织粗大、化学成分分布不均匀以及之前由于温度、外力等造成的应力），并为随后的切削加工或最终热处理做好组织上的准备。退火与正火一般安排在铸造、锻造、焊接之后，粗加工之前，属于钢的预备热处理；对于某些性能要求不是很高的零件，正火也可作为最终热处理，处理后可直接使用。

一、钢的退火工艺

退火是将工件加热到适当温度，保温一定时间，然后随炉缓慢冷却以获得稳定组织的一种热处理工艺方法。退火的方法根据退火工艺和目的的不同有多种分类方法。退火的目的主要有：降低工件硬度，提高塑性，以利于之后的切削加工或塑性变形加工（冲压、轧制等）。铸造、锻造、焊接等热加工后工件，由于冷却速度较快，一般硬度较高，切削加工困难，退火或正火后可降低硬度；细化晶粒，均匀化学成分，改善组织，从而提高钢的力学性能。铸件、锻件、焊接件等经过热加工后往往存在晶粒粗大或带状组织等缺陷，退火或正火可使晶粒细化。另外，退火或正火还可消除偏析使化学成分均匀化。晶粒细化及成分的均匀化可提高钢的力学性能，并为最终热处理（淬火、回火等）做组织上的准备；消除残余应力，以稳定钢件尺寸并防止其变形和开裂。退火可消除铸造、锻造、焊接等工件的残余内应力，稳定工件尺寸并减少淬火时的变形和开裂倾向。保温时间一般按照装炉量的多少来确定，加热温度和冷却方式见以下具体工艺。

常用的退火方法主有扩散退火、完全退火、球化退火、去应力退火等。

（一）扩散退火

其是将工件加热到 A_{c3} 以上 150～250 ℃（通常为 1000～1200 ℃），并适当保温（10～15 h），然后随炉缓慢冷却，使工件化学成分和组织达到均匀化目的的工艺方法，也称为均匀化退火，其工艺如图 5-17 所示。扩散退火后，由于加热温度较高，钢的晶粒过分粗大，因此，随后还应进行一次完全退火或正火来细化晶粒。

扩散退火耗费能量很大，时间长，成本高。主要用于质量要求高的优质合金钢的铸锭或铸件，用来消除铸造结晶过程中产生的枝晶偏析，使化学成分均匀化。

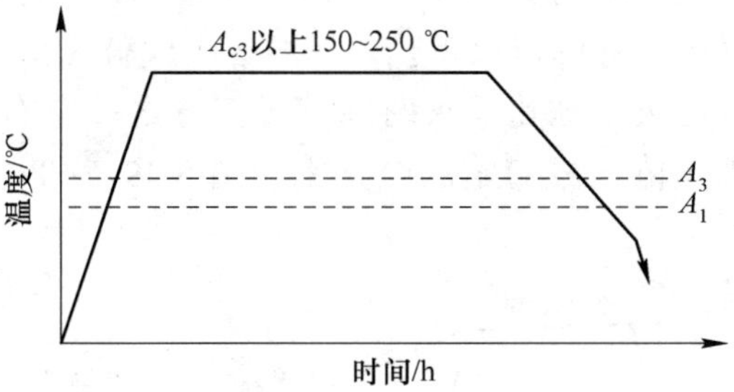

图 5-17　均匀化退火工艺曲线

（二）完全退火

完全退火是将亚共析钢工件加热到 A_{c3} 以上 30～50 ℃，保温一定时间，随炉缓慢冷却到 600 ℃左右时，出炉在空气中冷却的工艺方法，其工艺如图 5-18 所示。完全退火后的组织接近其平衡组织。可降低钢的硬度，提高加工性能；细化组织，改善力学性能；消除内应力，防止变形和开裂。

完全退火主要用于亚共析钢的铸件、锻件、焊件等。不适用于过共析钢，因为加热到 A_{ccm} 温度以上缓慢冷却时会沿奥氏体晶界析出网状二次渗碳体，使钢的脆性明显增大。

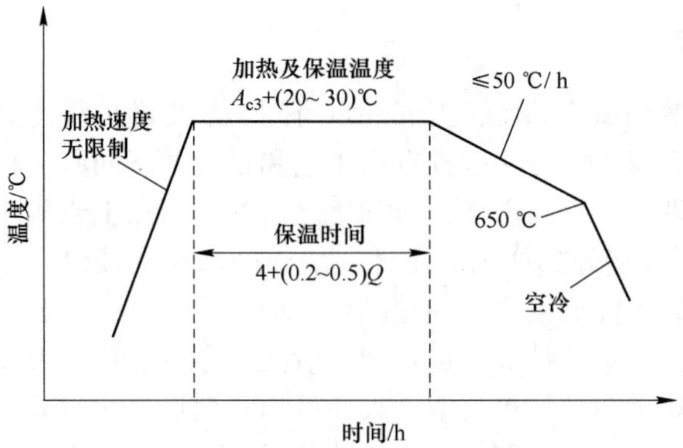

图 5-18　完全退火工艺曲线

(三) 球化退火

球化退火是将过共析钢加热到 A_{c1} 以上 20~40 ℃，保温一定时间后随炉缓冷到 600 ℃左右再出炉空冷的工艺方法。球化退火后钢中的片状渗碳体和网状二次渗碳体变为粒状，组织为粒状渗碳体分布在铁素体基体上。碳化物呈颗粒状弥散分布于铁素体基体中的珠光体称为粒状珠光体。球化退火后钢的硬度降低，改善了切削加工性；另外，球化退火后组织均匀，为后续的淬火热处理做好了组织准备。若钢中存在严重的网状二次渗碳体，故应在球化退火前进行一次正火。

球化退火主要适用于共析钢、过共析钢和合金钢。

完全退火或球化退火所需时间比较长，是一种较费时的工艺。为缩短退火时间，生产中常采用等温退火方法，即将工件加热到高于 A_{c3}（或 A_{c1}）的温度，保持适当时间后，较快地冷却到珠光体转变温度区间的适当温度并等温保持一段时间，使奥氏体转变为珠光体类型组织后，出炉在空气中冷却的退火工艺。等温退火代替完全退火或球化退火，所用时间大大缩短，一般比完全退火或球化退火时间缩短三分之一左右，并能获得均匀的组织。等温退火主要用于过冷奥氏体比较稳定的合金钢。图 5-19 为 T12 钢一般球化退火与等温球化退火工艺的比较。

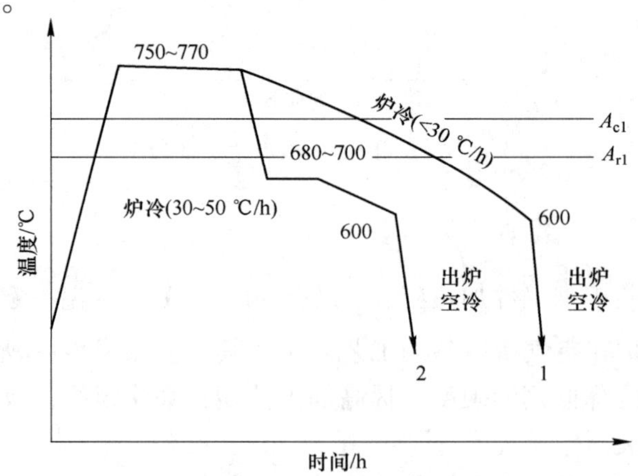

图 5-19　球化退火工艺

1—一般球化退火；2—等温球化退火

（四）去应力退火

去应力退火是将工件加热到500~600 ℃，保温后随炉缓冷至200 ℃以下出炉空冷，其工艺如图5-20所示。由于加热温度低于A_{c1}，故钢在去应力退火过程中不发生组织变化。可消除工件由塑性变形加工、切削加工或焊接造成的应力以及铸件内存在的残余应力。

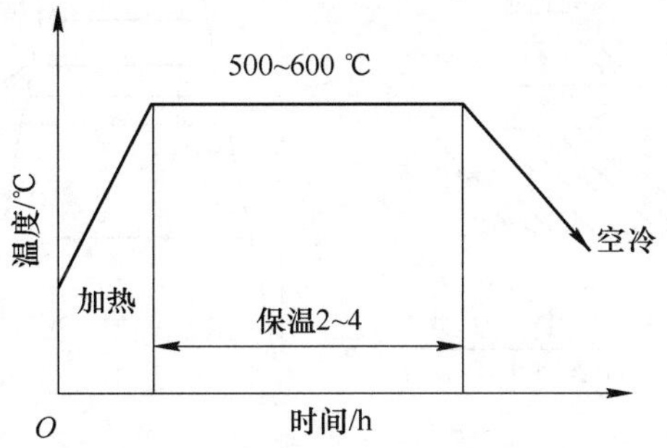

图5-20　去应力退火工艺曲线

去应力退火主要用于消除铸件、锻压件、焊件、切削加工件的残留应力，稳定尺寸，减小变形，对于形状复杂和壁厚不均匀的零件尤为重要。

二、钢的正火工艺

正火是指将钢加热到A_{c3}或A_{ccm}以上30~50 ℃，使钢完全奥氏体化，保温一定时间后在空气中冷却的热处理工艺。亚共析钢正火后的组织接近平衡组织，为铁素体和珠光体，但珠光体的量较多且珠光体片间距较细。过共析钢正火后的组织为珠光体和少量断网状二次渗碳体。正火的目的与退火相同，但与退火相比，冷却速度稍快，所得到的组织比较细小，强度、硬度、韧性等比退火高一些。另外，正火生产周期短、生产效率高、成本低，生产中一般优先采用正火工艺。

正火的应用主要为：

（1）提高低碳钢和低碳合金钢的硬度，改善切削加工性。低碳钢和低碳合金钢退火后铁素体所占比例较大，硬度偏低，切削加工时都有“粘刀”现象，而且表面粗糙度参数值都较大。通过正火能适当提高硬度，改善切削加工性。因此，低碳钢、低碳合金钢都选择正火作为预备热处理；而$w(C)>0.5\%$的中高碳钢、合金钢都选择退火作为预备热处理。

（2）消除过共析钢中的网状渗碳体，并细化珠光体组织，为球化退火做组织准备。对于过共析钢，正火加热到A_{ccm}以上可使网状渗碳体充分溶解到奥氏体中，空气冷却时渗碳体来不及析出，因而消除了网状渗碳体组织，同时细化了珠光体组织，有利于以后的球化处理。

（3）对使用性能要求不高的结构零件可细化组织提高力学性能，作为最终热处理。对一些大型或形状较复杂的零件，淬火时容易开裂，可用正火代替调质处理，作为这类零件的最终热处理。

钢的各种退火与正火工艺的加热温度范围如图5-21所示，热处理工艺曲线如图5-22所示。

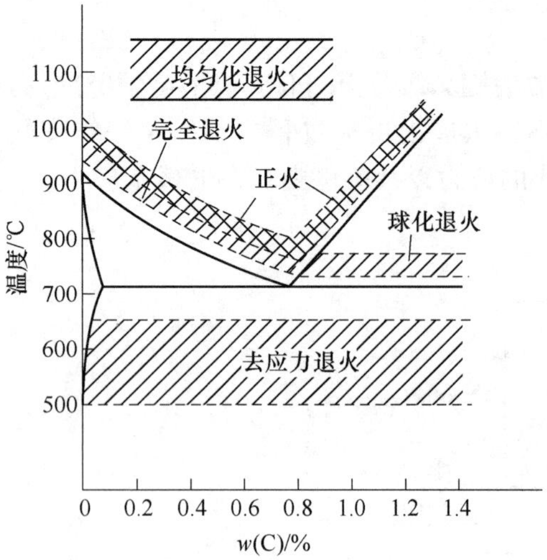

图 5-21　钢的退火及正火加热温度

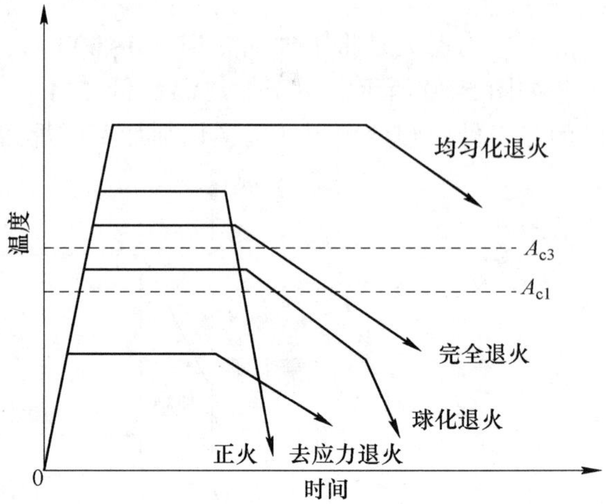

图 5-22　钢的退火及正火工艺曲线

三、钢的退火和正火（试验）

（一）试验任务

（1）了解钢的退火和正火方法。

（2）分析退火和正火时加热温度、冷却方式及原始含碳量对热处理后组织和性能的影响。

（二）试验设备与材料

（1）实验室用箱式电阻炉。

（2）金相显微镜、显微硬度计。

（3）切割机、砂轮机、镶嵌机、砂纸、抛光机、腐蚀剂（3%～5%硝酸酒精溶液）、吹风机、脱脂棉。

（4）45、T8、T12。

（三）试验原理

退火和正火是常见的两种预备热处理的方法，是为了更好地发挥金属材料性能的重要热处理工艺。

退火方法根据目的和工艺不同有多种工艺方法，多数情况都需要加热到相变温度以上，保温后随炉冷却，因而冷却后得到的组织易接近平衡组织。一般 45 钢经退火后组织稳定，有利于切削加工。

正火也是一种将钢加热到相变温度以上的热处理方法，保温后常进行空冷。由于冷却速度较退火稍快一些，因而得到的组织片层较细密，强度、硬度有所改善。

（四）试验内容及步骤

（1）将 3 种钢按照退火和正火的不同工艺要求加热到奥氏体化后保温适当时间。

（2）分别采用随炉冷至 600 ℃出炉空冷和直接空冷两种方法冷却。

（3）观察冷却后经不同热处理工艺处理后试样的金相组织并测定组织硬度。

（4）试验结果及报告。

四、钢的淬火

淬火是将工件加热到 A_{c3} 或 A_{c1} 以上某一温度，保温一定时间后以较快速度冷却，以获得马氏体或下贝氏体组织的热处理工艺。它是强化钢最重要的热处理方法。因此，重要的结构件，特别是承受较大载荷和剧烈摩擦的零件以及各种类型的工具等都要进行淬火。

淬火马氏体在不同回火温度下可获得不同组织，从而使钢具有不同的力学性能，以满足各类工具或零件的使用要求。它是一种钢的最经济、最有效的强化手段之一。

由于淬火冷却速度很快，因而淬火组织中存在很大的内应力，淬火后必须采用回火来消除，同时为了改善塑性、韧性也需采用回火来解决。

（一）淬火的目的与作用

淬火的目的是得到马氏体(或下贝氏体)组织，作用是提高钢的硬度、强度、耐磨性等。

（二）淬火工艺

1. 淬火加热温度及保温时间

碳钢淬火的加热温度根据铁碳相图确定，加热温度范围如图 5-23 所示。

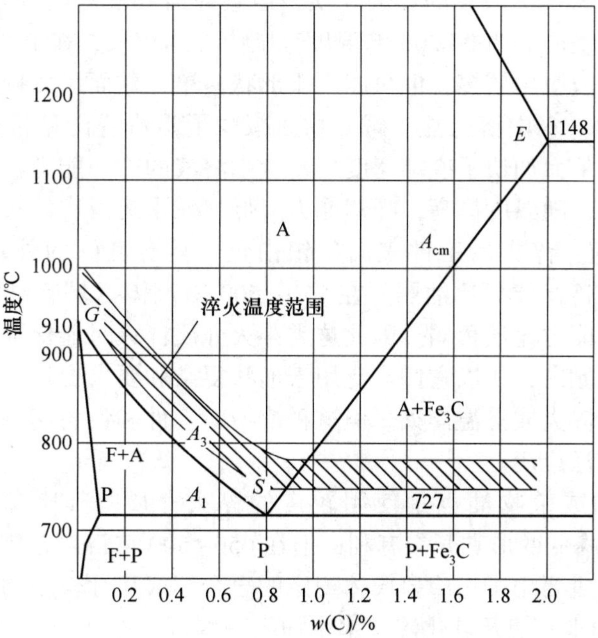

图 5-23　钢的淬火温度范围

亚共析钢淬火加热温度一般为A_{c3}+(30~50)℃，以得到全部细小的奥氏体晶粒，淬火后组织为均匀细小的马氏体和残余奥氏体。若加热温度在A_{c1}~A_{c3}之间，淬火后组织中将有一部分铁素体存在，使钢的淬火硬度降低；若加热温度超过A_{c3}过高时，奥氏体晶粒粗化，淬火后得到粗大的马氏体组织，钢的性能变差，淬火应力增大，导致变形和开裂。

共析钢和过共析钢的淬火加热温度为A_{c1}+(20~30)℃。淬火后，共析钢得到细小马氏体和残余奥氏体组织；过共析钢为马氏体和少量粒状渗碳体组织和残余奥氏体组织，粒状渗碳体的存在可提高钢的硬度和耐磨性。若加热温度在A_{ccm}以上，由于渗碳体全部溶入奥氏体中，提高了奥氏体含碳量，奥氏体的稳定性提高，淬火后残留奥氏体量增多，钢的硬度和耐磨性将会降低；另外，因奥氏体晶粒粗化，淬火后得到粗大马氏体，使钢的脆性增大。

影响保温时间的因素很多，如加热介质、加热速度、钢的种类、工件形状和尺寸、装炉方式、装炉量等。生产中常根据实际情况，综合考虑上述各个影响因素并根据经验确定。

2. 淬火冷却介质

淬火冷却介质是指工件进行淬火时所用的介质。淬火冷却速度必须大于等于临界冷却速度V_K，才能得到马氏体组织。但是，快冷不可避免地会带来较大的内应力，往往引起工件的变形或开裂。为了解决这一矛盾，理想的淬火冷却应该在稍低于A_1点处，过冷奥氏体较稳定，冷却速度可慢些；而在“C”曲线鼻尖处，过冷奥氏体最不稳定，必须进行快速冷却，且冷却速度应大于等于马氏体临界冷却速度，以保证过冷奥氏体能避开非马氏体型的组织转变；在M_s点及以下的冷却速度要更缓慢一些，以减小产生的淬火应力，避免由此而产生的变形和开裂。但生产中常用的冷却介质都不能完全满足理想冷却速度的要求，在淬火时应结合生产实际情况合理地选用。

（1）水。水是冷却能力较强的淬火介质，但它在需要快冷的650~500 ℃温度范围内冷速较小，而在需要慢冷的300~200 ℃温度范围内冷速较大，在100~40 ℃时冷速达到极快。由于水比较便宜故应用较多，但只能用于形状简单、截面尺寸较小的碳钢工件。

（2）盐水及碱水。水中溶入盐、碱等物质减少了蒸汽膜的稳定性，使蒸汽膜阶段变短，特性温度提高，从而加快了冷却速度。食盐水溶液的冷却能力在食盐浓度较低时随食盐浓度的增加而提高，随温度提高，冷却能力降低。碱水溶液作淬火介质时它能和已氧化的工件表面发生反应，淬火后工件表面呈银白色，具有良好的外观，这类淬火介质在300~200 ℃低温区域冷却能力比油弱；在650~500 ℃高温区域，碱浴的冷却能力介于水油之间，盐浴的冷却能力比油稍弱。因此这类淬火介质淬火时能保证获得马氏体组织且能大大减少变形和开裂倾向，所以它们广泛用于形状复杂和要求变形较小的碳素工具钢及合金工具钢小件的分级淬火或等温淬火。但这种溶液对工件和设备腐蚀较大，淬火时有刺激性气味，因此未能广泛应用。

（3）油。矿物油或植物油也是使用较广的淬火介质，其冷却能力较小，在300~200 ℃温度范围内对降低变形和开裂有利，但在650~500 ℃温度范围内对防止奥氏体发生非马氏体转变不利。主要用于过冷奥氏体稳定的合金钢或尺寸较小的碳钢工件。

（4）有机物质的水溶液及乳化液。水中加入一些可改变其冷却能力的物质，并能满足使用要求，则是一种理想的淬火介质。如果在水中加入不溶于水而构成混合物的物质，如构成悬浮液（固态物质）或乳化物（未溶液滴）；或在水中含有气体，均将增加蒸汽膜核心，提高蒸汽膜的稳定性，降低特性温度，从而使冷却能力降低。但是如果对液体再施以一定程度的搅动，则可控制各阶段的温度范围及冷却速度。目前各国都在发展有机物水溶液作为淬火介质。一些国家均有以水基添加有机物和矿物盐的淬火介质专利。例如美国应用15%聚乙烯醇，0.4%抗黏附剂，0.4%防泡剂的淬火介质。其他国家也应用类似的淬火介质。最常用的乳化液是矿物油与水经强烈搅拌及振动而成。即一种液体以细小的滴状形式分布在另一种液体中呈牛奶状溶液，故称乳化液。如果水形成外相，油滴在水中则称油水乳化液。要使这种分布状态稳定，除了上述机械振动外，还应加入乳化剂。这种乳化剂作为表面活性物质富集在界面上，通过降低界面张力，使乳化稳定。乳化液一般用于火焰淬火和感应淬火时的喷水淬火，一般要求有高的稳定性，在使用和放置时间内不分解；喷射到工件表面上的乳化液急剧升温以及水部分汽化应不导致乳化液的破坏及产生多层离析；在工序间储存时能防止工件锈蚀等。

（三）淬火方法

根据淬火介质的不同，常用的淬火方法有：

（1）单液淬火（水淬或油淬）是将工件加热奥氏体化后浸入其一种冷却介质中冷却的淬火工艺。冷却速度线如图5-24中1线所示。此法操作简便，易实现机械化和自动化，但易产生变形和开裂。形状简单的碳钢件一般采用在水中淬火，而合金钢件和尺寸较小的碳钢件一般在油中淬火。

（2）双液淬火（中断淬火）是将工件加热奥氏体化后先浸入冷却能力强的介质，在组织即将发生马氏体转变时立即转入冷却能力弱的介质中冷却的淬火工艺。冷却速度线如图5-24中2线所示。例如碳钢先水冷后油冷、合金钢先油冷后空冷等。此法由于在水中的停留时间不易控制，操作不便。主要用于形状复杂的高碳钢件和尺寸较大的合金钢件淬火。

（3）分级淬火是将工件加热奥氏体化后浸入温度稍高或稍低于 M_s 点的盐浴或碱浴中

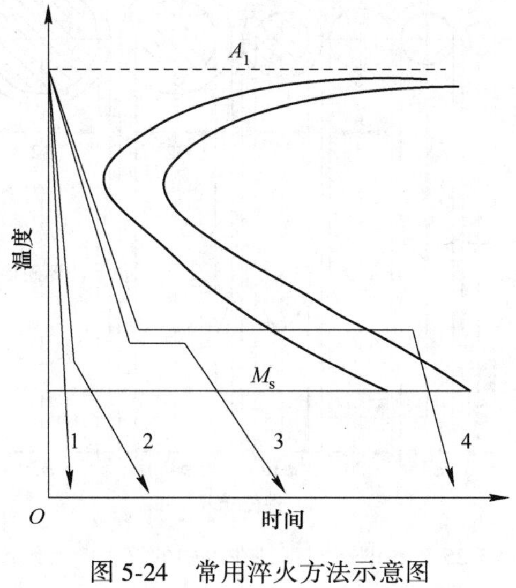

图5-24　常用淬火方法示意图

保持较短时间，在工件整体达到介质温度后取出空冷以获得马氏体的淬火工艺。冷却速度线如图 5-24 中 3 线所示。此法易于操作，能够减小工件中的热应力，并缓和相交产生的组织应力，可有效地防止工件的变形和开裂。主要用于尺寸较小、形状较复杂工件的淬火，如钻头、丝锥等小型刀具、小型模具等。

（4）等温淬火是将工件加热奥氏体化后在温度稍高于 M_s 点的盐浴或碱浴中快冷到下贝氏体转变温度区间，等温保持一定时间，使奥氏体转变为下贝氏体的淬火工艺。冷却速度线如图 5-24 中 4 线所示。等温淬火后的工件淬火应力较小，不易变形和开裂，具有较高的强度和韧性，但生产周期长、效率低。主要用于处理形状复杂和尺寸要求精确、强韧性要求较高的各种中、高碳钢和合金钢制造的小型复杂工件，如各种模具、刀具、螺栓、弹簧等。

（5）局部淬火法。有些工件只要求局部具有高硬度，可进行局部加热淬火，以避免工件其他部位产生变形和开裂。

（6）冷处理。一般钢种的 M_f 点在-50 ℃左右，因此淬火后钢中有不稳定的残余奥氏体组织，会影响其在使用中的尺寸稳定性。对于量具、精密轴承、精密丝杠、精密刀具等工件，在淬火之后应进行一次冷处理，即把淬冷至室温的钢继续冷却到-70～-80 ℃，保持一段时间，使残余奥氏体转变为马氏体，可提高钢的硬度，并稳定工件尺寸。获得低温的办法是采用干冰（固态 CO_2）和酒精的混合剂或冷冻机冷却。

（四）淬透性与淬硬性

1. 淬透性

淬透性是指在规定条件下钢试样淬硬层深度，是指钢淬火时获得马氏体的能力，是钢材固有的一种属性。

淬透性可用在规定条件下的有效淬硬层深度来表示。有效淬硬层深度是指从淬硬的工件表面（组织全部为马氏体）至规定硬度值处（组织一半为马氏体）的垂直距离。

淬透性也可用临界直径法测定，如图 5-25 所示。

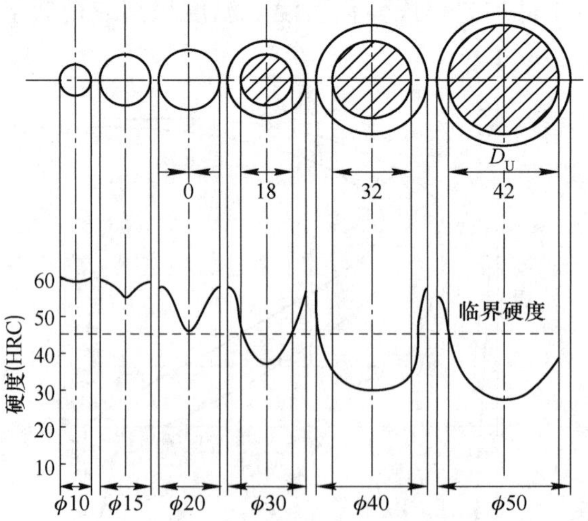

图 5-25　45 钢不同直径在水中的淬火断面硬度

临界直径是在一定淬火条件下测定的，它是钢制圆柱试样在某种介质中快冷后，中心得到全部或50%马氏体组织的最大直径，常用钢的临界淬透直径见表5-2。

表5-2　常用钢的临界淬火直径

钢号	临界直径/mm		钢号	临界直径/mm	
	水冷	油冷		水冷	油冷
45	13~16.5	6~9.5	35CrMo	36~42	20~28
60	11~17	6~12	$60Si_2Mn$	55~62	32~46
T10	10~15	<8	50CrVA	55~62	32~40
65Mn	25~30	17~25	38CrMoAlA	100	80
20Cr	12~19	6~12	20CrMnTi	22~35	15~24
40Cr	30~38	19~28	30CrMnSi	40~50	23~40
35SiMn	40~46	25~34	40MnB	50~55	28~40

淬透性主要取决于钢中合金元素的种类和含量。除钴外，大多数合金元素都能显著提高钢的淬透性，这是因为大多合金元素可使“C”曲线向右移动，使得钢淬火时的临界冷却速度减小，从而提高钢的淬透性。

在选用材料和制定热处理工艺时经常要考虑淬透性。若工件整个截面未被淬透，则工件表面和心部的组织及性能就不均匀，心部未淬透部分的性能就达不到要求。因此，对大截面重要零件，以及轴向承受拉应力或压应力或交变应力、冲击载荷的连杆、螺柱、锻模、锤杆等，应选用淬透性高的钢；对承受交变弯曲应力、扭转应力、冲击载荷和局部磨损的轴类零件，其表面受力很大，心部受力较小，不要求全部淬透，可选用淬透性较低的钢；焊接件一般选用淬透性低的钢，否则易在焊缝和热影响区出现淬火组织，导致变形和开裂；承受交变应力和振动的弹簧，为防止心部淬不透，导致工作时产生塑性变形，应选用淬透性高的钢。

2. 淬硬性

淬硬性是指钢在理想条件下淬火所能达到的最高硬度，即淬火后得到全部马氏体的硬度。

淬硬性主要取决于钢的含碳量，合金元素对它没有显著影响。含碳量越高，淬火加热时固溶于奥氏体中的碳含量越高，所得马氏体的含碳量越高，钢的淬硬性越高。

钢的淬硬性、淬透性是两个不同的概念。淬硬性高的钢，不一定淬透性就高；淬硬性低的钢，不一定淬透性就低。如低碳合金钢的淬透性相当好，但它的淬硬性却不高；再如高碳工具钢的淬透性较差，但它的淬硬性很高。零件的淬硬层深度与淬透性也是不同的概念，淬透性是钢本身特性，与其成分有关，而淬硬层深度是不确定的，它除取决于钢的淬透性外，还与零件形状及尺寸、冷却介质等外界因素有关。如同一钢种在相同的奥氏体化条件下，水淬要比油淬的淬硬层深，小件要比大件的淬硬层深。

淬硬性对选材及制定热处理工艺也具有指导作用。对要求高硬度、高耐磨性的工模具，可选用淬硬性高的高碳钢、高碳合金钢；对要求高综合力学性能的轴类、齿轮类等零件，选用淬硬性中等的中碳钢、中碳合金钢；对要求高塑件的焊接件等，选用淬硬性低的低碳钢、低碳合金钢。

五、回火

回火是将工件淬火后，重新加热到 A_{c1} 以下某一温度，保温一定时间，然后冷却到室温的热处理工艺。回火一般采用在空气中缓慢冷却。

(一) 回火的目的与作用

淬火后钢的组织主要由马氏体和少量残余奥氏体组成（高碳钢中还有未溶碳化物），其内部存在很大的内应力，脆性大，韧性低，一般不能直接使用，必须进行回火。

回火的目的是减少和消除淬火时产生的淬火应力，降低脆性，稳定组织与尺寸，以减小工件变形及开裂；回火可获得强度和韧性之间的不同配合，达到工件所要求的不同使用性能。

(二) 回火时的组织转变

工件淬火后，组织中的马氏体与残余奥氏体都是不稳定组织，在回火加热时都会自发向稳定组织转变。转变是通过原子的扩散进行的，回火温度越高，扩散速度就越快。回火一般分为 4 个阶段，如图 5-26 所示。

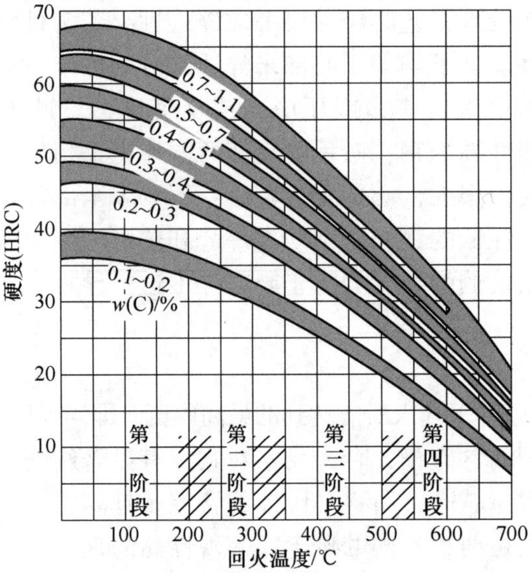

图 5-26　不同回火阶段的硬度变化

1. 第一阶段：马氏体分解（≤200 ℃）

在 100 ℃以下温度回火时，淬火钢没有明显的组织转变，此时只发生马氏体中碳的偏聚，而没有开始分解。100 ℃以上回火时，马氏体开始分解，碳以 ε 碳化物形式析出，使马氏体中碳的过饱和度逐渐降低，在这一阶段中，出于回火温度较低，马氏体中仅析出了一部分过饱和的碳原子，但此时 α 相仍保持针状特征，它仍是碳在 α-Fe 中的过饱和固溶体。这种由过饱和度较低的 α 相与极细的 ε 碳化物所组成的混合组织，称为回火马氏体。此阶段由于马氏体中析出的碳较少，硬度降低不明显，但由于碳的析出，晶格畸变降低，淬火应力有所减小。回火马氏体的形态与淬火马氏体区别不大，但回火马氏体因为易腐蚀，组织为暗黑色。高碳钢的回火马氏体呈片状，具有高硬度；低碳钢的回火马氏体呈板条状，具有较高的强韧性。

2. 第二阶段：残余奥氏体分解（200~300 ℃）

淬火钢中残留奥氏体从 200 ℃开始分解，到 300 ℃左右基本结束，残余奥氏体分解是通过碳原子的扩散先形成偏聚区，进而分解为 α 相和 ε 碳化物的混合组织，即转变为下贝氏体。由于在回火的第一阶段马氏体分解尚未结束，在此阶段中马氏体分解继续进行，到 350 ℃左右马氏体含碳量降至接近平衡成分，马氏体分解才基本结束。马氏体的继续分解虽然会使钢的硬度降低，但同时出于较软的残余奥氏体转变为较硬的下贝氏体，故此阶段内钢的硬度没有明显降低，淬火应力进一步减小。

3. 第三阶段：渗碳体转变（250~400 ℃）

在 250 ℃以上回火时，碳原子的扩散能力增强，铁原子也恢复了扩散能力，马氏体分解和残余奥氏体分解析出的过渡 ε 碳化物逐渐向稳定的渗碳体转变，到 400 ℃时全部转变为极其细小球状颗粒渗碳体。随着碳化物的析出和转变，马氏体中碳的质量分数不断降低，马氏体的晶格畸变消失，马氏体转变为铁素体，但仍保持针状，于是得到由针状铁素体和极其细小的球状颗粒渗碳体组成的两相组织，称为回火屈氏体。此阶段淬火应力基本消除，硬度有所下降，塑性、韧性得到提高，具有较高弹性。

4. 第四阶段：渗碳体的聚集长大与铁素体的再结晶（>400 ℃）

在 400 ℃以上回火时，由于回火温度已经很高，碳原子和铁原子均具有较强的扩散能力，高度弥散分布的渗碳体逐渐聚集长大，在 500~600 ℃或以上时，α 相逐渐发生再结晶，使铁素体形态失去原来的板条状或片状，转变成为多边形晶粒。这种在多边形铁素体基体上分布着球粒状渗碳体的两相组织，称为回火索氏体。回火索氏体具有良好的综合力学性能。此阶段内应力和晶格畸变完全消除，硬度明显下降。

综上所述，淬火钢回火时的组织转变是在不同温度范围内产生的，又是交叉重叠进行的，在同一回火温度会进行几种不同的变化。淬火钢回火后的性能随着回火温度升高，强度、硬度降低，塑性、韧性提高，在 600 ℃左右回火时，塑性和韧性达到较高的数值，并保持较高的强度，即具有良好的综合力学性能。

（三）回火时的脆性

有些钢在回火时冲击韧性显著下降的现象称为回火脆性。

1. 第一类回火脆性（250~400 ℃）

钢中含有的合金元素不能抑制该脆性，但 Si、Cr、Mn 等元素可使脆化温度提高。到目前为止，最有效的避免方法是回火时避开该温度范围。

2. 第二类回火脆性（450~550 ℃）

其主要出现在合金结构钢中，产生原因主要是晶界偏聚机制。防止方法主要有高温回火后快速冷却或在钢中加入 Mo、W 等合金元素阻碍杂质在晶界上偏聚。

（四）回火方法与工艺

钢在不同温度回火后的组织和性能不同，根据回火温度范围将回火分为 3 种：低温回火、中温回火和高温回火。

1. 低温回火（120~250 ℃）

低温回火后组织为回火马氏体，硬度为58~64 HRC，保持了淬火组织的高硬度和耐磨性，降低了淬火应力，减小了钢的脆性。低温回火主要用于高碳钢、合金工具钢制造的刃具、量具、模具、滚动轴承等高硬度要求的工件。

2. 中温回火（350~500 ℃）

中温回火后组织为回火屈氏体，硬度为35~45 HRC，大大降低了淬火应力，使工件获得高的弹性极限和屈服强度，并具有一定的韧性。中温回火主要用于中高碳钢制作的卷簧、板簧等弹簧类工件，也用于一些热作模具（如热锻模、压铸模等）。

3. 高温回火（500~650 ℃）

高温回火后组织为回火索氏体，硬度为25~35 HRC，淬火应力可完全消除，强度较高，有良好的塑性和韧性，即具有良好的综合力学性能。工件经淬火后再进行高温回火的热处理工艺称为调质处理。高温回火主要用于中碳钢制作的各种重要结构件，如轴、连杆、螺栓、齿轮等。中碳钢调质后的各种力学性能均高于正火，表5-3为45钢正火与调质的性能比较。

表5-3　45钢（ϕ20~40 mm）调质与正火后组织和性能的比较

热处理方法	力学性能				处理后组织
	R_m/MPa	A/%	硬度（HBS）	A_{KV}/J	
调质处理	750~850	15~20	160~220	38~62	回火索氏体
正火处理	700~800	20~25	200~250	60~95	铁素体+珠光体

六、钢的淬火和回火（试验）

（一）试验任务

（1）了解钢的淬火和回火方法。

（2）分析淬火和回火时加热温度、冷却方式及原始含碳量对热处理后组织和性能的影响。

（二）试验设备与材料

（1）实验室用箱式电阻炉。

（2）金相显微镜、显微硬度计。

（3）切割机、砂轮机、镶嵌机、砂纸、抛光机、腐蚀剂（3%~5%硝酸酒精溶液）、吹风机、脱脂棉。

（4）45、T8、T12。

（三）试验原理

淬火和回火是常见的最终热处理的方法，处理后的组织决定了工件最终的使用性能。

淬火需要加热到相变温度以上，保温后在大于临界冷却速度条件的不同介质中快速冷却，已获得马氏体组织。

回火是经淬火后得到的马氏体组织，由于淬火冷却速度太快，因而内部存在很大的内应力；同时由于得到的马氏体组织的比体积大，还会造成工件尺寸变化。因此淬火钢必须进行回火。

（四）试验内容及步骤

（1）将3种钢按照淬火和回火的不同工艺要求加热到相变温度上下后保温适当时间。

（2）分别采用水冷和空冷两种方法冷却。

（3）观察冷却后经不同热处理工艺处理后试样的金相组织并测定组织硬度。

（4）试验结果及报告。

任务四　其他类型热处理

【任务介绍】

本任务主要是了解除普通热处理以外的一些其他的热处理工艺方法。

【相关知识】

工件由于使用工况的复杂性，对工件提出了各种使用要求，比如同一工件的不同部位需要不同的力学性能；工件使用过程中环境的变化等。为了更好地满足使用要求，提高工件使用性能和质量，降低生产成本，我们有必要学习和了解更多的热处理工艺方法。

一、钢的表面热处理

许多在动载荷及摩擦条件下工作的零件，如齿轮、凸轮轴、曲轴、主轴及机床床身导轨等，它们的表面或轴颈部分应具有高的硬度和耐磨性，而心部则应具有高的强度和韧性。要满足这种要求，只从选材上考虑是很困难的。如果采用高碳钢，心部韧性就不能满足使用要求；如果采用低碳钢，则表面硬度低而不耐磨。为此，工业上常常对零件进行表面热处理。

表面热处理是通过改变工件表层组织以改变表面性能的热处理工艺，主要有表面淬火和渗碳、渗氮等化学热处理。表面淬火是不改变工件表层化学成分，只改变表层组织和性能的热处理工艺；化学热处理是既改变工件表层化学成分又改变表层组织和性能的热处理工艺。

（一）表面淬火

钢的表面淬火是通过快速加热方法，使表面奥氏体化并立即快冷获得马氏体，以提高钢的表面硬度的一种特殊淬火工艺。目的是使工件获得表硬心韧的性能，主要用于要求表面有高的强度、硬度和耐磨性，而心部应具有足够的强度、塑性和韧性的零件，如齿轮、曲轴、凸轮轴等。根据加热方式的不同，表面淬火主要有：感应加热表面淬火、火焰加热表面淬火、电接触加热表面淬火等。

1. 感应加热表面淬火

感应加热表面淬火是利用感应电流通过工件所产生的热量，使工件表面加热，然后快速冷却的淬火工艺。

（1）感应加热表面淬火的基本原理。图 5-27 为感应加热表面淬火装置。将工件放入铜管制成的感应器线圈中，当一定频率的交流电通入感应器时，感应器周围产生交变磁场，使工件中产生同频率的感应电流，此电流在工件内自成回路，故称为“涡流”。由于“集肤效应”，“涡流”在工件截面上分布不均匀，表面密度大，心部密度小，使工件表面层迅速被加热到淬火温度，而心部温度仍接近于室温，在随即喷水快冷后，工件表面层得到马氏体组织。

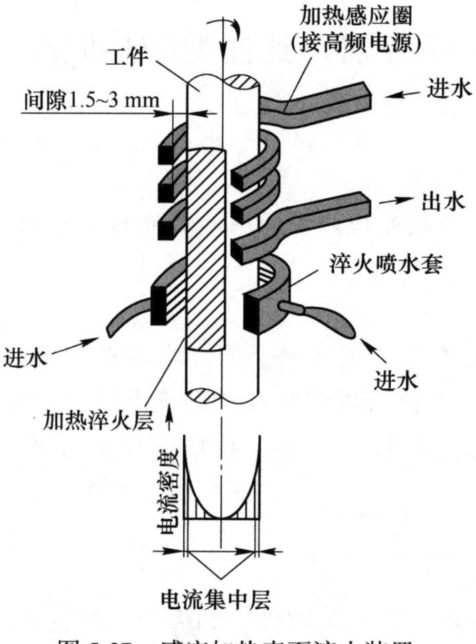

图 5-27　感应加热表面淬火装置

（2）感应加热表面淬火的特点。与普通淬火相比，生产率高：感应加热表面淬火的加热速度极快（一般仅需几秒至几十秒）。工件性能高：加热温度高（高频感应淬火为 A_{c3} 以上 100~200 ℃），奥氏体晶粒均匀细小，淬火后表面层得到细小马氏体，硬度比普通淬火高 2~3 HRC，且脆性较低，而心部仍保持原来的退火、正火或调质组织，塑性、韧性较好，工件表面层的残余压应力使疲劳强度提高；工件表面层不易氧化和脱碳，变形小；淬硬层深度易控制，易实现机械化和自动化。但感应加热设备昂贵，维修、调整比较困难，形状复杂的工件不易制造感应器，且不适于单件生产。

（3）感应加热表面淬火的分类与应用。感应电流的大小与通入的交流电频率有关，频率越高表层感应电流越大，且表层越薄。按交流电频率，感应加热表面淬火有以下 3 种：

1）高频感应加热表面淬火。电流频率为 100~500 kHz，淬硬后深度为 0.5~2 mm 用于淬硬层较薄的中、小模数齿轮和中、小尺寸的轴类零件等。

2）中频感应加热表面淬火。电流频率为500～10000 Hz，淬硬层深度为2～10 mm。适用于大、中模数齿轮和较大直径轴类零件等。

3）工频感应加热表面淬火。电流频率为50 Hz，淬硬层深度为10～20 mm。适用于大直径轧辊、火车车轮等零件的表面淬火和穿透加热。

感应加热表面淬火主要用于中碳钢和中碳合金钢制造的中小型工件的成批生产，也可用于高碳工具钢、低合金工具钢和铸铁等工件。中碳钢淬火剂用水；合金钢可用聚乙烯醇水溶性淬火剂；如用油淬火，以埋入油中淬火较为安全，喷油很易着火。

为保证零件心部有良好的强韧性，并使淬火表面获得均匀的高硬度和耐磨性，通常表面淬火前进行正火或调质。为降低淬火应力和脆性，感应加热表面淬火后需要进行低温回火，但回火温度比普通低温回火温度稍低。生产中有时采用自回火法，即当工件淬火冷至200 ℃左右时，停止喷水，利用工件中的余热达到回火的目的。

2. 火焰加热表面淬火

火陷加热表面淬火是利用氧-乙炔火焰（最高温度达3000 ℃）或其他可燃气火焰使工件表层快速加热，随后喷水快速冷却的表面淬火方法。

火焰加热表面淬火的淬硬层深度一般为2～6 mm。若淬硬层过深，往往使工件表面严重过热，产生变形与裂纹。

火焰加热表面淬火操作简便，设备简单，成本低，灵活性大。但生产率低，加热温度不易控制，工件表面易过热，质量不稳定。适用于中碳钢及中碳合金钢，单件小批生产的大型工件和需要局部淬火的工具或零件，如大型齿轮、车轮、大轴轴颈、轨道等。

3. 电接触加热表面淬火

其原理是用滚轮电极与工件表面接触并通入低压（2～5 V）大电流（400～750 A）的交流电，电极与工件接触处被电阻热迅速加热到淬火温度，随着电极以一定的速度在工件表面移动，被加热的表面靠工件本身的导热而快速冷却实现淬火。

此方法的优点是设备简单，操作方便，易于自动化，工件变形极小，不需要回火，能显著提高工件的耐磨性和抗擦伤能力。但淬硬层较薄（0.15～0.35 mm），显微组织和硬度均匀性较差，主要用于铸铁做的机床导轨的表面淬火，应用范围不广。

（二）渗碳

渗碳是将低碳钢（含碳量0.1%～0.25%）工件在富碳介质中加热、保温，使碳原子渗入工件表层，以提高表层的含碳量，并形成一定碳浓度梯度的化学热处理工艺。渗碳后进行淬火可提高工件表层硬度和耐磨性，并保持心部良好的韧性，达到表硬心韧的目的。渗碳主要用于低碳钢、低碳合金钢等制作承受较大冲击载荷和在严重磨损条件下工作的零件，如汽车齿轮、套筒等。

1. 渗碳方法

渗碳方法可分为气体渗碳、固体渗碳和液体渗碳，其中气体渗碳应用最广。

(1) 气体渗碳。气体渗碳是工件在含碳气体中进行的渗碳，目前用得较多的是滴注式渗碳，图5-28为气体渗碳电炉内部结构示意图。

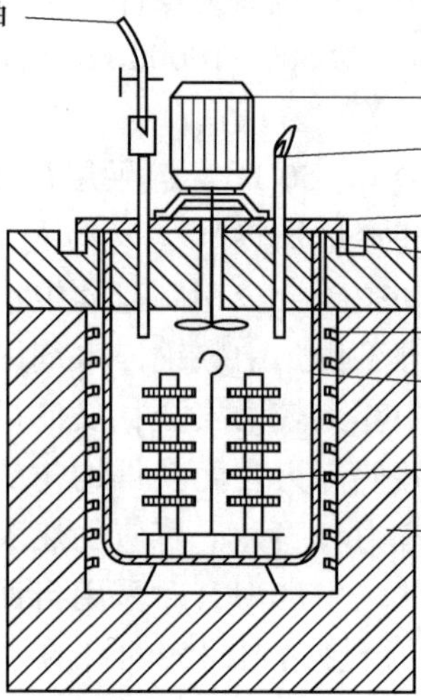

图 5-28　气体渗碳电炉内部结构

将工件置于密封的渗碳炉中加热至 900~950 ℃（常用 930 ℃），并向炉内滴入煤油、苯、甲醇、丙酮等有机液体渗碳剂，这些物质在高温下发生分解反应，产生活性碳原子，即：

$$2CO \longrightarrow CO_2 + [C]$$

活性碳原子被工件表面吸收而溶于高温奥氏体中，并向内部扩散，形成具有一定碳浓度梯度的一定深度的渗碳层。气体渗碳速度平均为 0.2~0.5 mm/h。

气体渗碳生产率高，渗碳过程容易控制，渗碳层质量好，劳动条件较好，易实现机械化和自动化。但设备成本高，不适宜单件、小批生产。

（2）固体渗碳。固体渗碳是将工件放在填充粒状渗碳剂的密封箱中进行渗碳的工艺。

渗碳剂由木炭和碳酸盐组成，木炭提供活性碳原子，碳酸盐可加速渗碳速度。在渗碳温度下，产生活性碳原子，活性碳原子被工件表面吸收溶入高温奥氏体中，并逐渐向内部扩散，形成渗碳层。固体渗碳平均速度为 0.1 mm/h。

与气体渗碳相比，固体渗碳法生产率低，劳动条件差，质量不易控制。但设备简单，成本低，目前在一些中、小型工厂仍有使用。此法主要用于单件小批生产。

对工件不需要渗碳的部位应事先进行防渗保护，如镀铜、刷防渗涂料等；也可以留出加工余量，待渗碳后淬火前再切削去除掉该部位的渗碳层。

2. 渗碳钢组织

低碳钢渗碳后，表面可达到 1%左右的含碳量，往里碳浓度逐渐降低，直至钢的原始含碳量。渗碳缓冷后的组织表层为过共析钢组织（珠光体+网状二次渗碳体），其相邻内层为共析钢组织（珠光体），再往里为亚共析钢组织的过渡层（珠光体+铁素体），心部为原低碳钢组织（铁素体+少量珠光体）。

渗碳层表面的含碳量在 0.85%~1.05%为最佳。含碳量过低时，耐磨性差，疲劳抗力小；含碳量过高时，则组织中易出现网状或块状渗碳体，渗层变脆，易剥落，同时，残余奥氏体量过大，对耐磨性和疲劳强度也不利。渗碳层厚度应根据零件工作条件和具体尺寸来确定，一般为0.5~25 mm。渗碳层太薄时，易产生表面疲劳剥落；太厚时，承受冲击载荷的能力降低。

工件经渗碳后必须进行淬火和低温回火，渗碳后的淬火方法有3种：直接淬火、一次淬火和二次淬火。淬火、低温回火后表层组织是回火马氏体、少量细粒状渗碳体和残留奥氏体，硬度58~64 HRC，耐磨性好。心部组织取决于淬透性和工件截面尺寸，一般低碳钢心部组织为铁素体和珠光体，硬度110~160 HBS；低碳合金钢（如20CrMnTi）通常心部组织为回火低碳马氏体和铁素体，硬度35~45 HRC，有较高的强韧性和一定的塑性。

（三）渗氮

渗氮也称氮化，是在一定温度下于一定介质中使氮原子渗入工件表面的化学热处理工艺。其目的是提高工件表面硬度、耐磨性、耐蚀性、耐热性和疲劳强度等。常用的渗氮方法有气体渗氮和离子渗氮。

1. 气体渗氮

气体渗氮是在气体中进行的渗氮。将工件放入通有氨气（NH_3）的井式渗氮炉中，加热到500~570 ℃，使氨气分解出活性氮原子。反应式为

$$2NH_3 \longrightarrow 3H_2+2[N]$$

活性氮原子被工件表面吸收，并向内部逐渐扩散形成渗氮层。一般渗氮层深度为0.4~0.6 mm，渗氮时间20~50 h，生产周期较长。

常用的渗氮钢是含有与氮亲和力大的铬、钼、铝等的合金钢，如38CrMoAlA、35CrAlA、38CrMo等，渗氮前需进行调质处理，以改善机加工性能，提高综合力学性能。

对工件上不需渗氮的部位应事先进行镀铜或镀锡防渗保护；也可以留出加工余量，渗氮后去除。

与渗碳相比，渗氮层中因形成高度弥散、硬度很高的稳定氮化物，工件表面具有很高的硬度（为1100~1200 HV）和高的耐磨性，而且硬度在600 ℃左右时无明显下降，热硬性高；渗氮层存在较大残余压应力，疲劳强度高；渗氮层表面由致密耐腐蚀的氮化物组成，表层耐蚀性高；渗氮温度较低，工件变形小；渗后不需进行淬火，只需精磨或抛光即可。但渗氮层较脆，不能承受冲击；生产周期长（0.3~0.5 mm的渗层，需30~50 h）；需专用渗氮钢，故成本高。

渗氮主要用于耐磨件和精度要求很高的精密零件，或承受交变载荷的重要零件以及要求耐热、耐蚀、耐磨的零件，如镗床主轴、高速精密齿轮、高速柴油机曲轴、汽缸套筒、阀门和压铸模等。

2. 离子氮化

离子氮化是在一定真空度下的渗氮气氛中，利用工件（阴极）和阳极之间产生的辉光放电进行渗氮的工艺。

离子氮化速度快，时间短（仅为气体渗氮的1/5~1/2）；渗氮层质量好，脆性小，工件变形小；对材料适应性强，碳钢、合金钢、铸铁等均可进行离子氮化；省电、省氨气、无公害，操作条件好。但设备复杂，操作要求严格；形状复杂或截面尺寸相差悬殊的零件，渗氮后各处的硬度和深度不均匀。

（四）碳氮共渗

碳氮共渗通常是指在气体介质中同时将碳、氮渗入工件表层的化学热处理工艺，目的是提高零件的硬度、耐磨性和疲劳强度。根据共渗温度可分为低温（520~580 ℃）、中温（760~880 ℃）和高温（900~950 ℃）碳氮共渗。共渗温度越高，含氮量越低。共渗层深度一般为 0.3~0.8 mm。

碳氮共渗与渗碳相比，具有温度低、时间短、变形小、淬透性好、硬度高（高 2~3 HRC）、耐磨性好、抗蚀性好、生产率高等优点。碳氮共渗主要用于低、中碳的碳钢及合金钢制造的机床和汽车上的齿轮、涡轮、蜗杆和轴类等零件的表面热处理。

二、钢的热处理新工艺

（一）可控气氛热处理

在无氧化热处理技术的发展趋势中，首推可控气氛热处理。在目前少品种、大批量生产中，尤其是碳素钢和一般合金结构钢件的光亮淬火、光亮退火、渗碳淬火、碳氮共渗淬火、气体氮碳共渗等，仍以可控气氛为主要手段，所以可控气氛热处理仍是先进热处理技术的主要组成部分。

1. 可控气氛热处理方法

根据可控气氛气源的制备方法，可控气氛热处理分为以下几种：

（1）吸热式气氛热处理。用煤气、天然气或丙烷等与空气按一定比例混合后，通入发生器进行吸热反应（外界加热）而形成气氛。可通过调节原料气与空气的混合比来控制气氛的碳势，应用非常广泛。主要用于防止加热时的氧化和脱碳，如光亮退火、光亮淬火等；也用于渗碳及碳氮共渗等化学热处理。

（2）放热式气氛热处理。用煤气、煤油或丙烷等与空气按一定比例混合后，进行放热反应而形成气氛。其对原料的要求不高，操作简单，成本低，但未经净化的气氛含 CO_2 高，直接用于热处理会造成氧化和脱碳，应用受到一定限制。主要用于低、中碳钢的光亮退火、光亮淬火等。

（3）滴注式气氛热处理。用液体有机化合物（如甲醇、乙醇、丙醇、三乙醇胺等）混合滴入炉内而得到的气氛。其原料易制取，装置简单，成分和碳势可自动控制，在原有井式炉或箱式炉上稍加改造即可，应用很广。主要用于渗碳、碳氮共渗、保护气氛退火和淬火等。

（4）氮基可控气氛热处理。除了采用氨加热分解的氮和氢作为气氛外，还可以在纯氮气中加入 2%~5%的氢气（或丙烷）作为保护气氛。它不需要反应发生器，设备投资少，适应性广，用于光亮退火和淬火，渗碳及碳氮共渗等。

2. 可控气氛热处理工艺

（1）渗碳。渗碳是轻纺行业中应用最广泛的工艺方法之一。用滴注式可控气氛渗碳在国内已经达到相当普遍的程度，尤其是在氧探头的气氛微量氧测量、控制技术和配备微机可编程序控制器的碳势控制仪问世以来，在密封井式炉和箱式多用炉中进行可控气氛渗碳已成为一种趋势。

(2) 碳氮共渗。钢件碳氮共渗时，渗层小碳氮含量不当，容易出现反常组织，造成硬度下降。因此，应针对不同钢种及不同的使用性能要求，确定渗层中的最佳碳氮含量，并通过调节共渗气氛的活性浓度及含碳氮介质的比例，以保证得到性能优良的碳氮共渗层。碳氮共渗能够提高接触疲劳强度，20Cr 制轴承套圈热处理工艺可由渗碳+淬火+回火改为碳氮共渗+淬火+回火，GCr15 钢制轴承热处理工艺可由淬火+回火改为碳氮共渗+淬火+回火，以提高表面硬度，提高表面接触疲劳强度，从而提高轴承寿命。

(3) 光亮退火、淬火、复碳。在保护性可控气氛中进行退火、淬火可防止氧化和脱碳得到光亮如新的表面，提高零件的表面质量。

常规热处理的零件表面常因脱碳而造成硬度不合格，可以采用在保护气氛中先进行复碳处理，然后再进行保护气氛的淬火+回火，使常规热处理的废品零件表面得到复碳，重新达到性能要求。

(二) 真空热处理

1. 真空热处理的特点

真空热处理是指金属制件在真空或先抽真空后通惰性气体条件下加热，然后缓冷退火或回火，或在油或气体中冲火冷却的技术。

由于真空热处理时，工件基本不氧化、不脱碳，可保持零件表面光亮的热处理效果；同时，还可使零件脱脂、脱气，无污染环境，且便于自动控制等；采用通气对流加热方式还可使加热均匀，减少表面和心部的温差，从而也减少晶格畸变。目前它已成为优质工模具不可或缺和首选的热处理工艺。

真空热处理由早期的真空退火、真空除气向真空淬火、真空回火和特种真空热处理方向发展。

2. 真空热处理的工艺控制

真空热处理的加热特点决定了真空炉加热升温速度快，顺工件传热需要时间，滞后比较多。为此，真空热处理加热时一般采用阶段升温，预热 1~2 次或者控制升温，同时还要适当延长保温时间，保温时间一般为空气炉的 1.5 倍。

真空热处理的真空度根据待处理材料选择，要保证热处理后表面光亮，又要注意防止表面元素贫化。对结构钢、不锈钢，真空度取 10^{-1}~10 Pa；对钛合金，取 10^{-2}~10^{-1} Pa。

3. 真空热处理方法

(1) 真空退火。利用真空无氧化的加热效果进行光亮退火，主要用于冷拉钢丝的中间退火、不锈钢的退火及有色金属的退火。

(2) 真空淬火。对大多数工模具钢采用真空加热，然后在空气中冷却淬火的真空气淬工艺，可大大提高工件的性能。特别是真空高压气淬，可以使工件的表面和心部都达到较高的性能。

(3) 真空渗碳。真空渗碳可实现高温渗碳（1000 ℃），显著缩短渗碳时间，且渗层均匀，碳浓度变化平缓，表面光洁。

4. 真空热处理工艺的发展方向

(1) 真空加压气淬工艺。提高冷却性能、控制加热和冷却、研制更好淬透性的材料、完善气体回收技术等。

（2）真空化学热处理工艺。提高真空渗碳技术、开发其他真空化学热处理技术以及真空磁场热处理传感器等。

（3）真空功能热处理工艺。真空磁场热处理、真空氢气热处理、真空焊接与热处理的组合等。

（三）钢铁材料组织超细化处理

钢铁材料的强度和韧性是相互矛盾的两个性能，一般来说，要提高强度必然降低其韧性，要提高韧性必然降低其强度。但材料组织的细化处理是同时提高其强度和韧性的最有效途径。通常认为小于 4 μm 的细晶属于超细晶组织，4～0.1 μm 为微米级超细晶，100～0.1 nm 为纳米级超细晶。

1. 微米级晶粒细化技术

微米级晶粒细化技术主要有形变诱导铁素体相变、循环热处理、形变热处理、磁场或电场处理和合金化细化技术等。

（1）形变诱导相变细化。形变诱导相变是将低碳钢加热到稍高于奥氏体相变（A_{c3}）温度以上，对奥氏体施加连续快速大压下量变形，从而可获得超细的铁素体晶粒。在变形过程中，形变能的积聚使奥氏体向铁素体转变的相变温度上升，在变形的同时发生铁素体相变，变形后进行快速冷却，以保持在形变过程中形成的超细铁素体晶粒。

在形变诱导相变细化技术中，变形温度和变形量很重要，随变形温度的降低及形变量的增加，应变诱发铁素体相变的转变量增加，同时铁素体晶粒变细。

通过低温轧制变形和应变诱导铁素体相变，可在碳素结构钢中获得晶粒尺寸小于 5 μm 的超细晶粒。对微合金钢，应用应变诱导相变技术可得到晶粒尺寸为 1 μm 左右的 2 mm 厚超细晶粒钢带。如 Q235 钢在 A_{r3} 以上 80 ℃和 A_{r3} 以下 10 ℃范围内，经 80%大变形量多次变形，可获得 2 μm 的超细晶铁素体。

（2）循环加热淬火细化。多次循环加热淬火是将钢由室温加热至稍高于 A_{c3} 的温度，在较低的奥氏体化温度下短时保温，然后快速淬火冷却至室温，再重复此过程。每循环一次，奥氏体晶粒就获得一定程度的细化，从而获得细小的奥氏体晶粒组织。一般循环 3～4 次细化效果最佳。如利用快速循环淬火方法在 65Mn 钢中获得 4 μm 的奥氏体晶粒。

（3）形变热处理细化。形变热处理大致可分两种：第一种工艺是将钢加热到稍高于 A_{c3} 温度，保持一段时间，达到完全奥氏体化，然后以较大的压下量使奥氏体发生强烈变形，之后等温保持一段时间，使奥氏体进行起始再结晶，并于晶粒尚未开始长大之前淬火，从而获得较细小（5 μm 左右）的淬火组织。第二种工艺是将淬火以后的钢，加热到相变点以下的低温进行大压下量的变形，然后加热到 A_{c3} 以上温度短时保温，奥氏体化后迅速淬火，由于变形是在低温、马氏体组织状态下进行的，材料的变形抗力较大。如把低、中碳钢的回火马氏体经过 80%压缩变形，再奥氏体化可得到 0.91 μm 的奥氏体晶粒，淬火后可获得非常细小的马氏体组织。

（4）合金化细化。通过对钢铁材料合金化也可有效细化晶粒。其原因是有些固溶强化合金元素（如 W、Mo 等）可提高钢的再结晶温度，同时降低在一定温度下晶粒长大的速度；而有些强碳化物形成元素（如 Nb、V、Ti 等）可与钢中的碳或氮形成尺寸为纳米级的化合物，强烈阻碍晶粒的长大。

2. 纳米级晶粒细化技术

纳米级晶粒细化技术主要有大塑性变形技术、机械合金化细化和提纯技术等。

(1) 大塑性变形细化。利用特殊方法使金属材料在室温产生严重变形，晶粒可得到明显细化。如对纯 Ti、纯 Cu 等合金利用等径角挤压，当应变量达到 5%~7%时，可获得纳米晶组织。如利用喷丸或深度轧制方法对 304 不锈钢进行处理，在试样表面可获得一层纳米晶组织。因为喷丸处理在材料表面反复施加多方向的高速机械载荷粒子，在局部接触的材料内部引起很大的塑性变形，改变了近表面的微观组织，使其产生局部切变，该切变又使更深层和其周围产生塑性变形，从而在表面形成一层纳米晶。

(2) 机械合金研磨细化。它是一种用来制备具有可按微结构的金属基或陶瓷基复合粉末的高能球磨技术。即在干燥的球形装料机内，在高真空 Ar 气保护下，通过机械研磨过程中高速运行的硬质钢球与研磨体之间相互碰撞，对粉末粒子反复进行熔结、断裂，在熔结过程中使晶粒不断细化达到纳米尺寸；然后，纳米粉再采用热挤压等技术加压制得块状纳米材料。此法在研磨过程中易产生杂质污染、氧化及应力，难以得到洁净的纳米晶界面。

(四) 计算机控制热处理

随着计算机技术的不断进步，计算机控制的热处理技术在生产中得到了较广泛的应用。其主要用于温度控制、气氛控制、淬火介质特征曲线的测定等。

1. 炉温控制

单片机炉温控制系统具有以下功能：人工设定不同的温度参数，实现可变速率、可变时间的升温、保温、降温控制；显示实时炉温、时间；实现超温声光报警、超限切除控制加热电源；用 LED 实时显示加热过程曲线规律。

2. 计算机气氛控制

如计算机控制气体渗氮，可实现按渗氮工艺全过程的温度、氮势与渗氮时间的自动控制、测量和定期打印，并具有氨气、冷却水压力、温度和氮势超限报警自动断电功能；微机可控气体渗氮工艺可以改善渗氮层的组织和性能；可保持高的渗氮速度，缩短工艺周期，具有明显节电效果，大大降低生产成本；与常规渗氮设备相比，微机控制渗氮设备功能齐全，控制精度高，操作简便，可使渗氮工艺很快达到动态稳定。

3. 通过计算机模拟确定最佳热处理工艺

例如采用计算机模拟技术可以对渗碳的工艺过程进行模拟。根据待处理零件的信号(钢的化学成分、设计要求的表面硬度、有效硬化层深度等)，计算机选择一个初始的渗碳工艺进行模拟计算，根据浓度分布曲线与期望的优化浓度分布曲线的偏差修正工艺参数(如果深度偏大则缩短渗碳时间，反之则延长渗碳时间；如果浓度分布曲线呈凸起状则提前降碳势，反之则推迟降碳势等)，经反复迭代自动寻找到符合待处理零件技术要求的最优化工艺。

(五) 高能束表面淬火

高能束表面淬火主要有激光加热表面淬火、等离子加热表面淬火、电子束加热表面淬火等。

1. 激光加热表面淬火

激光加热表面淬火是利用高能量（功率密度为$10^3 \sim 10^5$ W/cm^2）的激光束使工件照射处在很短时间（$10^{-7} \sim 10^{-9}$ s）内加热到正常淬火加热温度以上，而工件其他部位仍保持常温状态。当激光束照射点转移后，通过工件本身的热传导而快速冷却（$10^3 \sim 10^6$ ℃/s），使工件表面得到马氏体组织。

与高频加热表面淬火相比，激光表面热处理的硬化层组织为更细小的马氏体，表面的硬度、耐磨性、疲劳强度高，变形小。为充分发挥激光高能密度热处理的特点，激光硬化层的深度一般为1 mm以下。另外，激光表面淬火可对拐角、沟槽、盲孔底部、深孔内壁等一般热处理难以处理的部位进行表面淬火。

目前，激光表面热处理已用于碳钢、合金钢、铸铁等制作的活塞、汽缸套、轧辊等工件。

2. 等离子弧加热表面淬火

直流等离子弧是一种经过压缩了的高温、高能量密度电弧，利用等离子弧的高温射流束可以快速对金属表面进行加热，达到奥氏体化温度后随着等离子弧的移动，通过工件自身的快速导热而自冷，得到表面马氏体，实现表面淬火硬化。

与激光表面淬火技术相比，等离子弧金属表面硬化处理技术具有硬化层厚、质量好、处理速度快、设备简单、成本低等优点，用于机械设备中承受较大摩擦、需要表面耐磨的零件（如轴类、齿轮、模具、机床导轨等）的硬化处理，可提高其使用性能，延长使用寿命。

3. 电子束加热表面淬火

电子束加热表面淬火是将零件放置在高能密度的电子枪下，保持一定真空度，用电子束流轰击零件表面，在与金属原子碰撞时，电子释放能量，被撞击表面在极短时间（$10^{-1} \sim 10^{-3}$ s）内被加热到钢的相变温度以上，靠自身快速冷却进行淬火。

电子束加热表面淬火加热速度和冷却速度都很快，在相变过程中，奥氏体化时间很短，故能获得超细晶粒组织；零件热变形极小，不需要再精加工，可以直接装配使用；电子束加热表面淬火在真空中进行，无氧化无脱碳，不影响零件表面粗糙度，表面呈白色；由于电子束的射程长，零件局部淬火部分的形状不受限制，即使是深孔底部和狭小的沟槽内部也能进行淬火。但电子束加热表面淬火装置比较复杂，要配以真空系统、电子束发生机构、计算机控制电子束定位系统等，设备的成本高，且不能用于重负荷零件和大型零件。

三、渗碳（试验）

（一）试验目的

（1）了解钢的化学热处理原理。
（2）认识渗碳层的组织。

（二）任务准备

（1）实验室用箱式电阻炉。

（2）金相显微镜。

（3）切割机、砂轮机、镶嵌机、砂纸、抛光机、腐蚀剂（3%～5%硝酸酒精溶液）、脱脂棉、显微硬度计。

（4）水、油。

（5）20 钢。

（三）任务操作

（1）试验原理。渗碳是化学热处理的方法之一，它是将钢置于富碳介质中，在加热和加压的条件下，使碳原子渗入工件表面，从而改变表层的含碳量及碳浓度梯度。

渗碳必须要求钢具有吸收碳原子的能力，同时具有化学活性即扩散能力。

$$2CO \longrightarrow CO_2+[C]$$

（2）试验内容与步骤。对 20 钢进行渗碳，然后进行直接淬火。

（3）试验结果与报告。

思考题与习题

5-1 奥氏体加热时对奥氏体晶粒度的影响有哪些，如何影响？

5-2 绘制“C”曲线并分析过冷奥氏体等温转变的产物及形成温度，它们的性能有何差异？

5-3 试分析共析钢等温转变曲线与热处理实际冷却过程的关系。

5-4 将一块共析钢平均分成两块，加热到相变温度以上适当温度，保温一定时间后取出迅速冷却到 700 ℃开始等温，待转变完成后分别以极快和极慢两种冷却方式冷却到室温，试问：最终的组织和性能如何？

5-5 何谓马氏体，它的转变特点是什么，它与淬透性有什么关系？

5-6 常用的退火工艺方法有哪些，它们的工艺及目的是什么？

5-7 钢的退火和正火有何差异，生产中如何选择？

5-8 常用的淬火冷却方式有哪些？试叙述它们的适用范围。

5-9 为什么淬火钢回火后的硬度主要取决于回火温度的高低？

5-10 将一块 45 钢平均分成 3 份，分别加热到 840 ℃、760 ℃和 680 ℃，保温一定时间后在水中冷却，试问：冷却后的组织和性能有何变化？

5-11 有一批 45 钢制的螺钉（要求头部淬硬到 60 HRC）中，混入少量 20 钢，淬火后能否满足使用要求，为什么？

5-12 现有一批 40 钢制传动轴，硬度要求 32 HRC，采用正火或调质处理都可以达到硬度要求，试问：两种方法处理后的组织和性能有何差异？

5-13 现采用 45 钢制造拖拉机半轴，要求其轴颈处具有高的耐磨性，试简单设计其热处理处理工艺。

5-14 何谓表面淬火，它和普通热处理有何异同？

5-15 何谓钢的化学热处理，与普通热处理相比较有何特点？

项目六　工 业 用 钢

【项目简介】

工业用钢是生产中使用范围最广、使用量最大的金属材料，占有重要的地位。

碳素钢由于价格低、加工方便、易于冶炼，而且只要适当改变碳的含量即可达到改变性能的目的，能满足生产上很多要求，应用广泛。但是，随着现代科学技术的发展，对钢铁材料的性能也提出了更高的使用要求，而碳素钢即使采用了各种强化手段，如热处理、塑性变形等，依然无法满足使用要求。而在碳钢的基础上有意地加入合金元素，使其使用性能和工艺性能得到显著的提高，这就是工业用钢的另一个重要的组成——合金钢。

本项目主要介绍工业用钢的分类、牌号，合金元素在钢中的作用，以及生产中常用钢。

本项目的重点是工业用钢的牌号、合金元素的作用以及各类工业用钢。难点是工业用钢牌号的辨别分析及合金元素在钢中起到的不同作用。

【任务解析】

表 6-1　项目六任务解析

任务序号	任务名称	任务主要内容	建议课时	备注
任务一	碳钢	碳钢的化学成分、分类、牌号、性能及其应用	4	中高职使用
任务二	合金钢	合金钢的化学成分、分类、牌号、性能及其应用	8	中高职使用
任务三	合金元素在钢中的作用	普通碳素结构钢；优质碳素结构钢；碳素工具钢	2	中高职使用

任务一　碳　　钢

【任务介绍】

本任务主要是熟悉碳素钢的化学成分、分类方法、牌号及应用。

【相关知识】

碳素钢简称碳钢，是含碳量为0.0218%~2.11%的铁碳合金，实际使用时含碳量一般不超过1.4%，除了碳以外，经常还含有少量Si、Mn、S、P、H、N等杂质元素。随着现代科学技术的进步，碳钢的性能已无法满足使用性能的要求，如力学性能、淬透性以及特殊性能的多样性，但在铁碳合金中，碳钢有较好的力学性能和工艺性能，原料来源丰富，冶炼及制造工艺比较简便，价格较低，在工业上应用广泛。

一、碳钢的成分

碳钢是含碳量（质量分数）小于 2.11%，且含有少量硅、锰、硫、磷等杂质元素的铁碳合金。碳钢的性能主要由其含碳量决定，碳钢中的杂质元素一般是冶炼时混入的，对钢的性能和质量有一定影响，冶炼时应适当控制各杂质元素的含量。

（一）硅的影响

硅是作为脱氧剂加入钢中的。在镇静钢中含硅量（质量分数）通常为 0.1%~0.4%，在沸腾钢中仅有 0.03%~0.07%。硅的脱氧作用比锰要强，它与钢液中的 FeO 生成炉渣，能消除 FeO 对钢的不良影响；硅能溶于铁素体中，并使铁素体强化，从而提高钢的强度和硬度，但降低钢的塑性和韧性。

（二）锰的影响

锰是炼钢时用锰铁脱氧后残留在钢中的。锰能把钢中的 FeO 还原成铁，改善钢的质量；锰还可与硫化合，形成 MnS，消除硫的有害作用，降低钢的脆性，改善钢的热加工性能；锰能大部分溶解于铁素体中，使铁素体强化，提高钢的强度和硬度。碳钢中的含锰量（质量分数）一般为 0.25%~0.8%。

（三）硫的影响

硫是在炼钢时由矿石和燃料带进钢中的。在固态下硫不溶于铁，而以 FeS 的形式存在。FeS 与 Fe 能形成低熔点的共晶体，熔点为 985 ℃，分布在晶界上，当钢材在 1000~1200 ℃进行热加工时，由于共晶体熔化，从而导致热加工时脆化、开裂，这种现象称为“热脆”。因此必须控制钢中的含 S 量，一般控制在 0.05%以下。

（四）磷的影响

磷是由矿石带入钢中的。磷在钢中能全部溶于铁素体中，因此提高了铁素体的强度和硬度；但在室温或更低温度下，因析出脆性化合物 Fe_3P，使钢的塑性和韧性急剧下降，产生脆性，这种现象称为冷脆。因此要严格限制磷的含量，一般控制在 0.045%以下。

二、碳素钢的分类

（一）按钢中碳含量分类

（1）低碳钢：$w(C)<0.25\%$。
（2）中碳钢：$w(C)=0.25\%\sim0.6\%$。
（3）高碳钢：$w(C)>0.6\%$。

（二）按钢的平衡组织分类

（1）亚共析钢平衡组织为 F+P。

（2）共析钢平衡组织为 P。

（3）过共析钢平衡组织为 $P+Fe_3C_{II}$。

（三）按钢的主要质量等级分类

（1）普通碳素钢：$w(S)\leqslant 0.055\%$、$w(P)\leqslant 0.045\%$。

（2）优质碳素钢：$w(S)\leqslant 0.04\%$、$w(P)\leqslant 0.04\%$。

（3）高级优质碳素钢：$w(S)\leqslant 0.03\%$、$w(P)\leqslant 0.035\%$。

（四）按钢的用途分类

（1）碳素结构钢。用于制造各种机械零件（如齿轮、轴、连杆、螺钉、螺母等）和各种工程结构件（如桥梁、船舶、建筑构架等）。这类钢一般属于低、中碳钢。

（2）碳素工具钢。用于制造刀具、量具和模具。这类钢一般属于高碳钢。

此外，钢按冶炼时脱氧方法不同，分为沸腾钢、镇静钢和半镇静钢等。

三、碳钢成分与其组织、性能的关系

（一）碳钢在平衡状态下成分与组织性能的关系

由前面所学部分的知识可知，铁碳合金的成分决定其平衡组织、性能。因此，碳钢的成分也决定其组织、性能。图 6-1 为含碳量对碳钢性能的影响。

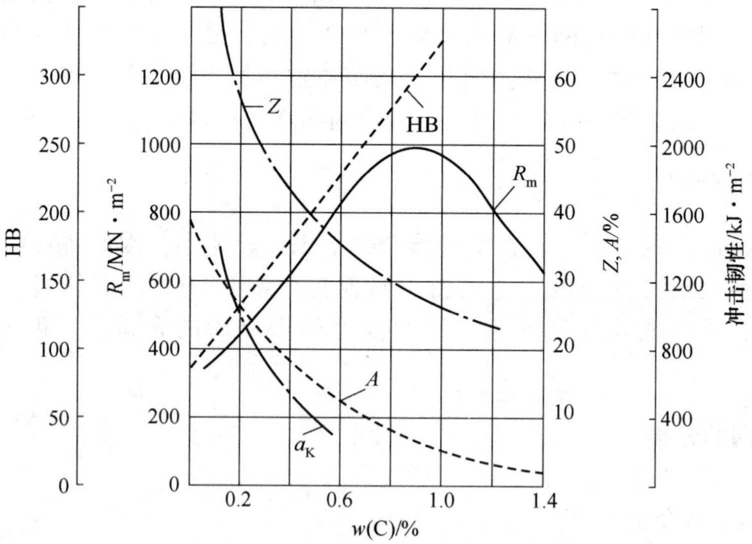

图 6-1　含碳量对碳钢性能的影响

碳钢的平衡组织取决于其含碳量。当 $w(C)=0.02\%\sim0.77\%$时，其平衡组织为亚共析组织（F+P）；当 $w(C)=0.77\%$时为共析组织（P）；当 $w(C)=0.77\%\sim2.11\%$时为过共析组织（$P+Fe_3C_{II}$）。

碳钢的性能取决于其组织。亚共析钢中，随含碳量的增加，组织中的铁素体 F 减少，而珠光体量 P 增加，因此塑性、韧性降低，强度和硬度直线上升。过共析钢中，随着含碳量增加，开始时强度和硬度仍呈增加趋势，塑性和韧性仍呈下降趋势，当 $w(C)>0.9\%$ 时，硬度仍直线上升，塑性韧性仍继续下降，但抗拉强度转为下降趋势，强度在 $w(C)=0.9\%$ 时出现峰值，这是由于二次渗碳体量逐渐增加形成了连续的网状，从而使钢的脆性增加、强度下降。

（二）碳钢在热处理状态下成分与组织性能的关系

为提高性能，碳钢一般在热处理状态下使用。不同成分的碳钢，其常用的热处理工艺不同，达到的性能也不同。

（1）低碳钢（$w(C)<0.25\%$）。本身塑性较好、强度不高，一般进行退火或正火热处理，组织与平衡状态相比变化不大，组织仍为 F+P，但晶粒得到细化，成分得以均匀化，内应力减小，塑性、强度得以提高。低碳钢可进行渗碳及淬火低温回火热处理，使表面组织为高碳马氏体和粒状渗碳体，心部组织为低碳马氏体，达到表硬心韧的性能。

（2）中碳钢（$w(C)=0.25\%\sim0.6\%$）。本身具有强度、硬度、塑性、韧性较好的综合力学性能，一般进行调质热处理，组织为回火索氏体，其综合性能进一步提高。

（3）高碳钢（$w(C)>0.6\%$）本身硬度较高，一般进行淬火及低温回火热处理，组织主要为回火马氏体（过共析钢还有粒状渗碳体），其硬度进一步提高。

四、常用碳钢的牌号、性能及应用

（一）普通碳素结构钢

普通碳素结构钢是工程中应用最多的钢种，其产量占钢总产量的 70%～80%。其牌号按顺序，由代表屈服强度的字母“Q”和屈服强度数值、质量等级符号、脱氧方式符号以及产品用途、特征和工艺方法表示符号（必要时）4 部分组成。质量等级分：A、B、C、D 4 级，从左至右质量依次提高。脱氧方法有 F（沸腾钢）、b（半镇静钢）、Z（镇静钢）、TZ（特殊镇静钢）4 种，通常 Z 和 TZ 可省略，例如 Q235AF，表示屈服强度为 235 MPa、质量等级为 A 级、脱氧方法为沸腾钢的碳素结构钢。

普通碳素结构钢的牌号及化学成分见表 6-2，力学性能见表 6-3。

表 6-2　普通碳素结构钢的牌号及化学成分（GB/T 700—2006）

牌号	统一数字代号①	等级	厚度（或直径）/mm	脱氧方法	化学成分（质量分数）/%，不大于				
					C	Si	Mn	P	S
Q195	U11952	—	—	F、Z	0.12	0.30	0.50	0.035	0.040
Q215	U12152	A	—	F、Z	0.15	0.35	1.20	0.045	0.050
	U12155	B							0.045
Q235	U12352	A	—	F、Z	0.22	0.35	1.40	0.045	0.050
	U12355	B			0.20②				0.045
	U12358	C		Z	0.17			0.040	0.040
	U12359	D		TZ				0.035	0.035

续表 6-2

牌号	统一数字代号①	等级	厚度（或直径）/mm	脱氧方法	化学成分（质量分数）/%，不大于				
					C	Si	Mn	P	S
Q275	U12752	A	—	F、Z	0.24	0.35	1.50	0.045	0.050
	U12755	B	≤40	Z	0.21			0.045	0.045
			>40		0.22				
	U12758	C	—	Z	0.20			0.040	0.040
	U12759	D		TZ				0.035	0.035

① 表中为镇静钢、特殊镇静钢牌号的统一数字，沸腾钢牌号的统一数字代号如下：

Q195F——U11950；

Q215AF——U12150，Q215BF——U12153；

Q235AF——U12350，Q235BF——U12353；

Q275AF——U12750。

② 经需方同意，Q235B 的碳含量可不大于 0.22%。

表 6-3　普通碳素结构钢的牌号及力学性能（GB/T 700—2006）

牌号	等级	屈服强度① R_{eH}/N · mm^{-2}，不小于						抗拉强度② R_m /N · mm^{-2}	断后伸长率 A/%，不小于					冲击试验(V 形缺口)	
		厚度（或直径）/mm							厚度（或直径）/mm					温度/℃	冲击吸收功（纵向）/J 不小于
		≤16	>16~40	>40~60	>60~100	>100~150	>150~200		≤40	>40~60	>60~100	>100~150	>150~200		
Q195	—	195	185	—	—	—	—	315~430	33	—	—	—	—	—	—
Q215	A	215	205	195	185	175	165	335~450	31	30	29	27	26	—	—
	B													+20	27
Q235	A	235	225	215	215	195	185	370~500	26	25	24	22	21	—	—
	B													+20	27③
	C													0	
	D													−20	
Q275	A	275	265	255	245	225	215	410~540	22	21	20	18	17	—	—
	B													+20	27
	C													0	
	D													−20	

① Q195 的屈服强度值仅供参考，不作交货条件。

② 厚度大于 100 mm 的钢材，抗拉强度下限允许降低 20 N/mm^2。宽带钢（包括剪切钢板）抗拉强度上限不作交货条件。

③ 厚度小于 25 mm 的 Q235B 级钢材，如供方能保证冲击吸收功值合格，经需方同意，可不作检验。

（二）优质碳素结构钢

优质碳素结构钢中有害杂质含量少，塑性和韧性较高，用于制造较重要的零件。其牌号为两位数字，表示钢的平均含碳量的万分数。例如，45 钢，表示平均含碳量为 0.45% 的优质碳素结构钢；20 钢，表示平均含碳量为 0.2%的优质碳素结构钢。

优质碳素结构钢中含锰量较高时（0.7% ~ 1.2%），在其牌号后面标出元素符号

"Mn"，如 65Mn 等。

必要时，也可标注脱氧方式符号（镇静钢表示符号通常可以省略）以及产品用途、特性或工艺方法表示符号。

优质碳素结构钢的牌号、化学成分和力学性能见表 6-4。

表 6-4　优质碳素结构钢的牌号、化学成分和力学性能

牌号	化学成分（质量分数）/%					力学性能						
	C	Si	Mn	P	S	屈服强度/MPa	抗拉强度/MPa	伸长率/%	断面收缩率/%	冲击韧度/J·cm^{-2}	硬度（HBS）≤	
						不小于					热轧钢	退火钢
05F	≤0.06	≤0.03	≤0.04	≤0.035	≤0.040	—	—	—	—	—	—	—
08F	0.05～0.11	≤0.03	0.25～0.50	≤0.040	≤0.040	180	300	35	60	—	131	—
08	0.05～0.12	0.17～0.37	0.35～0.65	≤0.035	≤0.040	200	330	33	60	—	131	—
10F	0.07～0.14	≤0.07	0.25～0.50	≤0.040	≤0.040	190	320	33	55	—	137	—
10	0.07～0.14	0.17～0.37	0.35～0.65	≤0.035	≤0.040	210	340	31	55	—	137	—
15F	0.12～0.19	≤0.07	0.25～0.50	≤0.040	≤0.040	210	360	29	55	—	143	—
15	0.12～0.19	0.17～0.37	0.35～0.65	≤0.040	≤0.040	230	380	27	55	—	143	—
20F	0.17～0.24	≤0.07	0.25～0.50	≤0.040	≤0.040	230	390	27	55	—	156	—
20	0.17～0.24	0.17～0.37	0.35～0.65	≤0.040	≤0.040	250	420	25	55	—	156	—
25	0.22～0.30	0.17～0.37	0.50～0.80	≤0.040	≤0.040	280	460	23	50	90	170	—
30	0.27～0.35	0.17～0.37	0.50～0.80	≤0.040	≤0.040	300	500	21	50	80	179	—
35	0.32～0.40	0.17～0.37	0.50～0.80	≤0.040	≤0.040	320	540	20	45	70	187	—
40	0.37～0.45	0.17～0.37	0.50～0.80	≤0.040	≤0.040	340	580	19	45	60	217	187
45	0.42～0.50	0.17～0.37	0.50～0.80	≤0.040	≤0.040	360	610	16	40	50	241	197
50	0.47～0.55	0.17～0.37	0.50～0.80	≤0.040	≤0.040	380	640	14	40	40	241	207
55	0.52～0.60	0.17～0.37	0.50～0.80	≤0.040	≤0.040	390	660	13	35	—	255	217
60	0.57～0.65	0.17～0.37	0.50～0.80	≤0.040	≤0.040	410	690	12	35	—	255	229
65	0.62～0.70	0.17～0.37	0.50～0.80	≤0.040	≤0.040	420	710	10	30	—	255	229
70	0.67～0.75	0.17～0.37	0.50～0.80	≤0.040	≤0.040	430	730	9	30	—	269	229
75	0.72～0.80	0.17～0.37	0.50～0.80	≤0.040	≤0.040	900	1100	7	20	—	285	241
80	0.77～0.85	0.17～0.37	0.50～0.80	≤0.040	≤0.040	950	1100	6	30	—	285	241
85	0.82～0.90	0.17～0.37	0.50～0.80	≤0.040	≤0.040	1000	1150	6	30	—	302	255
15Mn	0.12～0.19	0.17～0.37	0.70～1.00	≤0.040	≤0.040	250	420	26	55	—	163	
20Mn	0.17～0.24	0.17～0.37	0.70～1.00	≤0.040	≤0.040	280	460	24	50		197	
25Mn	0.22～0.30	0.17～0.37	0.70～1.00	≤0.040	≤0.040	300	500	22	50	90	207	
30Mn	0.27～0.35	0.17～0.37	0.70～1.00	≤0.040	≤0.040	320	550	20	45	80	217	187
35Mn	0.32～0.40	0.17～0.37	0.70～1.00	≤0.040	≤0.040	340	570	18	45	70	229	197
40Mn	0.37～0.45	0.17～0.37	0.70～1.00	≤0.040	≤0.040	360	600	17	45	60	229	207
45Mn	0.42～0.50	0.17～0.37	0.70～1.00	≤0.040	≤0.040	380	630	15	40	50	241	217
50Mn	0.48～0.56	0.17～0.37	0.70～1.00	≤0.040	≤0.040	400	660	13	40	40	255	217
60Mn	0.57～0.65	0.17～0.37	0.70～1.00	≤0.040	≤0.040	420	710	11	35	—	269	229
65Mn	0.62～0.70	0.17～0.37	0.90～1.20	≤0.040	≤0.040	440	750	9	30	—	285	229
70Mn	0.67～0.75	0.17～0.37	0.90～1.20	≤0.040	≤0.040	460	800	8	30	—	285	229

08、10、15 钢属于冷冲压薄板钢，含碳量低、塑性好、强度低、焊接性能好，用于要求塑性较高的冲压件、焊接件等。

20、25 钢属于渗碳钢，这类钢强度较低，但塑性、韧性较高，冷冲压性能和焊接性能很好，可以制造各种受力不大但要求高韧性的零件，如轴承端盖、螺钉、杆件、轴套、容器及支架等冲压件和焊接件。这类钢经渗碳淬火后，表面耐磨性好，而心部具有一定的强度和韧性，可用于制造耐磨并承受冲击载荷的零件。

35、40、45、50、55 钢属于调质钢，经过调质热处理后具有良好的综合力学性能，主要用于制造受力及冲击较大，要求强度、塑性、韧性都较高的轴类、轮类、杆类等零件，如齿轮、套筒、转轴等。这类钢在机械制造中应用非常广泛，特别是 40、45 钢在机械零件中应用最广泛。

60、65 钢属于弹簧钢，经过淬火及中温回火热处理后可获得高的弹性，主要用于制造尺寸较小的弹簧、弹性零件。

（三）碳素工具钢

碳素工具钢主要用于制造刀具、模具和量具，含碳量（质量分数）为 0.65%～1.35%，有害杂质元素（S、P）含量较少，此类钢属于优质钢和高级优质钢。

碳素工具钢的牌号以“T”（“碳”的汉语拼音字首）开头，其后的数字表示平均含碳量的千分数，如 T12 表示平均含碳量（质量分数）为 1.2%的碳素工具钢。牌号后面标以字母 A 表示为高级优质碳素工具钢，如 T8A 表示平均含碳量（质量分数）为 0.77%的高级优质碳素工具钢。

碳素工具钢的牌号、化学成分和性能见表 6-5。

表 6-5　碳素工具钢的牌号、化学成分和性能（GB/T 1298—2008）

<table>
<tr><th rowspan="2">牌号</th><th colspan="5">化学成分（质量分数）/%</th><th colspan="2">布氏硬度（HBW）</th><th colspan="2">试样淬火</th></tr>
<tr><th>C</th><th>Si</th><th>Mn</th><th>P</th><th>S</th><th>退火</th><th>退火后冷拉</th><th>温度、介质</th><th>硬度(HRC)</th></tr>
<tr><td>T7</td><td>0.65～0.74</td><td rowspan="4">≤0.35</td><td rowspan="2">≤0.40</td><td rowspan="2">优质钢：
≤0.035</td><td rowspan="2">优质钢：
≤0.030</td><td rowspan="3">≤187</td><td rowspan="4">≤241</td><td>800～820 ℃水</td><td rowspan="4">≥62</td></tr>
<tr><td>T8</td><td>0.75～0.84</td><td rowspan="2">780～800 ℃水</td></tr>
<tr><td>T8Mn</td><td>0.80～0.90</td><td>0.40～0.60</td><td rowspan="2">高级优质钢：
≤0.030</td><td rowspan="2">高级优质钢：
≤0.020</td></tr>
<tr><td>T9</td><td>0.85～0.94</td><td>≤0.40</td><td>≤192</td><td>760～780 ℃水</td></tr>
</table>

碳素工具钢淬火后硬度相近，但随着含碳量的增加，组织中未溶渗碳体增多，使钢的耐磨性提高，而韧性下降，故用不同牌号的该类钢所制造的工具也不同。

T8、T9 一般用于制造要求韧性稍高的工具，如冲头、简单模具、木工工具等；T10 用于要求中等韧性、适当硬度的工具，如手工锯条、丝锥等，也可用作要求不高的模具；T12 具有较高的硬度及耐磨性，但韧性低，用于制造量具、锉刀、钻头、刮刀等。高级优质碳素工具钢含杂质和非金属夹杂物少，适于制造重要的、形状复杂的工具。

（四）铸造碳钢

形状复杂的零件，用铸铁铸造难以满足力学性能时常用铸造碳钢件。铸造碳钢广泛用制造形状复杂且要求较高力学性能的零件，如轧钢机、破碎机、冲床等机器的机架、工作台等。

铸造碳钢的含碳量一般为0.2%～0.6%。若含碳量过高，则钢的塑性差，且铸造时易产生裂纹；若含碳量过低，则强度低，达不到性能要求。

铸造碳钢的牌号是用“铸钢”两字的汉语拼音字首“ZG”后面加两组数字组成，第一组数字代表屈服强度最低值，第二组数字代表抗拉强度最低值。例如ZG200-400，表示屈服强度不小于200 MPa、抗拉强度不小于400 MPa的铸造碳钢。

工程用铸造碳钢的牌号、化学成分、力学性能和用途见表6-6。

表6-6 工程用铸造碳钢的牌号、化学成分、力学性能和用途

<table>
<tr><th rowspan="3">牌号</th><th colspan="5" rowspan="2">化学成分（质量分数）/%
≤</th><th rowspan="3">屈服强度
$R_{eH}(R_{p0.2})$
$/N\cdot mm^{-2}$</th><th rowspan="3">抗拉
强度 R_m
$/N\cdot mm^{-2}$</th><th rowspan="3">断后
伸长
率 A
/%</th><th colspan="3">根据合同选择</th><th rowspan="3">特性和用途</th></tr>
<tr><th rowspan="2">断面
收缩
率 Z
/%</th><th colspan="2">冲击吸收
能量/J</th></tr>
<tr><th>C</th><th>Si</th><th>Mn</th><th>P</th><th>S</th><th>A_{KV}</th><th>A_{KV2}</th></tr>
<tr><td>ZG200-400</td><td>0.2</td><td rowspan="5">0.6</td><td>0.8</td><td rowspan="5">0.035</td><td rowspan="5">0.035</td><td>200</td><td>400</td><td>25</td><td>40</td><td>30</td><td>47</td><td>有良好的塑性、韧性和焊接性能。用于受力不大、要求韧性的各种机械零件，如机座、变速箱壳等</td></tr>
<tr><td>ZG230-450</td><td>0.3</td><td rowspan="4">0.9</td><td>230</td><td>450</td><td>22</td><td>32</td><td>25</td><td>35</td><td>有一定的强度和较好的塑性、韧性，焊接性能良好，切削加工性尚可。用于受力不大、要求韧性的各种机械零件，如砧座、外壳、轴承盖、底板、阀体、犁柱等</td></tr>
<tr><td>ZG270-500</td><td>0.4</td><td>270</td><td>500</td><td>18</td><td>25</td><td>22</td><td>27</td><td>有较高的强度和较好的塑性，铸造性能良好，焊接性很好，可切削性佳，用途广泛。用作轧钢机机架、轴承座、连杆、箱体、曲拐、缸体等</td></tr>
<tr><td>ZG310-570</td><td>0.5</td><td>310</td><td>570</td><td>15</td><td>21</td><td>15</td><td>24</td><td>有较高强度，可切削性良好，塑性、韧性较低。用于负荷较高的零件，如大齿轮、缸体、制动轮、辊子</td></tr>
<tr><td>ZG340-640</td><td>0.6</td><td>340</td><td>640</td><td>10</td><td>18</td><td>10</td><td>16</td><td>有高的强度、硬度和耐磨性，可切削性中等，焊接性较差，流动性好，但裂纹敏感性较大。用作齿轮、棘轮等</td></tr>
</table>

任务二 合 金 钢

【任务介绍】

本任务主要是熟悉合金钢的化学成分、分类、牌号及应用。

【相关知识】

碳钢由于生产简便、成本低廉，而且通过控制含碳量及热处理方式可以达到多种性能要求，因此应用很广泛，约占工业用钢总量的80%左右。但由于碳钢淬透性差、强度和屈强比低、抗回火性差、不具备某些特殊性能等，限制了它在现代工业生产中的应用。这些制约可通过合金化的方法来解决，即加入合金元素形成合金钢，以改善钢的力学性能或获得某些特殊性能。

一、合金钢的成分

（一）合金钢成分特点

冶炼时，在碳钢的基础上有目的地加入一些合金元素所形成的钢叫合金钢。因此，合金钢的含碳量（质量分数）小于2.11%，加入的合金元素主要有铬、镍、硅、锰，此外还可添加钼、钨、钒、钴、铝、铁、铝、硼、稀土等。合金钢中加入的合金元素可以是一种，也可以是多种，主加合金元素的量一般超过1%，有时合金元素的总加入量甚至超过25%。合金元素加入钢中会与铁和碳产生作用，以不同的形式存在于钢中，改变钢的内部组织及结构，提高钢的性能。

（二）合金元素在钢中的存在形式及产生的作用

铁素体和渗碳体是碳钢在退火或正火状态下的两个基本相，合金元素加入钢中时，可以固溶于铁素体内，也可以与碳或渗碳体化合形成碳化物。

1. 固溶态

几乎所有合金元素都可或多或少地溶入铁素体中，形成固溶体，产生固溶强化，使铁素体的强度、硬度升高。合金元素中Cr含量小于2%，Ni含量小于5%，Si、Mn含量小于1%左右时，不会降低铁素体的韧性。

2. 化合态

在钢中能形成碳化物的元素有：铁、锰、铬、钼、钨、钒、铌、锆、钛等（按与碳的亲和力由弱到强依次排列）。

铌、钒、锆、钛是强碳化物形成元素，一般形成特殊碳化物如NbC、VC、ZrC、TiC。

锰是弱碳化物形成元素，一般是溶入渗碳体，形成合金渗碳体 $(Fe,Mn)_3C$。

铬、钼、钨是属于中强碳化物形成元素。其含量不多时，一般形成合金渗碳体，如 $(Fe, Cr)_3C$ 等；含量较高（超过5%左右）时，易形成特殊碳化物，如 Cr_7C_3、$Cr_{23}C_6$、MoC、WC等。

合金渗碳体较渗碳体略为稳定，硬度也较高，是一般低合金钢中碳化物的主要存在形式。特殊碳化物比合金渗碳体具有更高的熔点、硬度与耐磨性，且更稳定。合金渗碳体与特殊碳化物在钢中细小均匀分布时可起到弥散强化（或弥散硬化）作用，是合金钢中的重要强化相。

二、合金钢的组织

合金钢的组织与合金元素的总加入量及含碳量有关。

（一）平衡组织

合金总量少（<5%）时可以按照铁碳合金相图判断合金钢的平衡组织，即合金钢的组织与相同含碳量的碳钢相似。当含碳量 $w(C)=0.02\%\sim0.77\%$时，其平衡组织为亚共析组织（F+P）；当 $w(C)=0.77\%$时为共析组织（P）；当 $w(C)=0.77\%\sim2.11\%$时为过共析组织（$P+Fe_3C_{II}$）。

合金总量多时，合金元素对铁碳合金相图的影响较大。合金元素可以使相图上 S 点及 E 点左移，使合金钢的组织不能按照相同含碳量的碳钢去判断。例如，含 0.3%C 的 3Cr2W8V 合金钢为过共析钢组织，而碳含量不超过 1%的 W18Cr4V 合金钢，在铸态下具有莱氏体组织。合金元素可以改变奥氏体相区的形状，如镍、锰、碳、氮等元素的加入都会使奥氏体相区扩大，如图 6-2（a）为锰对铁碳合金相图的影响，当锰、镍含量达到一定值时，有可能在室温下形成单相奥氏体钢；铬、钼、硅、钨等元素使奥氏体相区缩小，图 6-2（b）为铬对铁碳合金相图的影响，当铬含量较高时，有可能在室温下形成单相铁素体钢。因此，高合金钢可得到单相奥氏体钢或铁素体钢，使钢具有某些特殊的性能，如耐蚀、耐热、无磁等。

总之，高合金钢的组织比较复杂，组织中存在大量合金元素的碳化物。

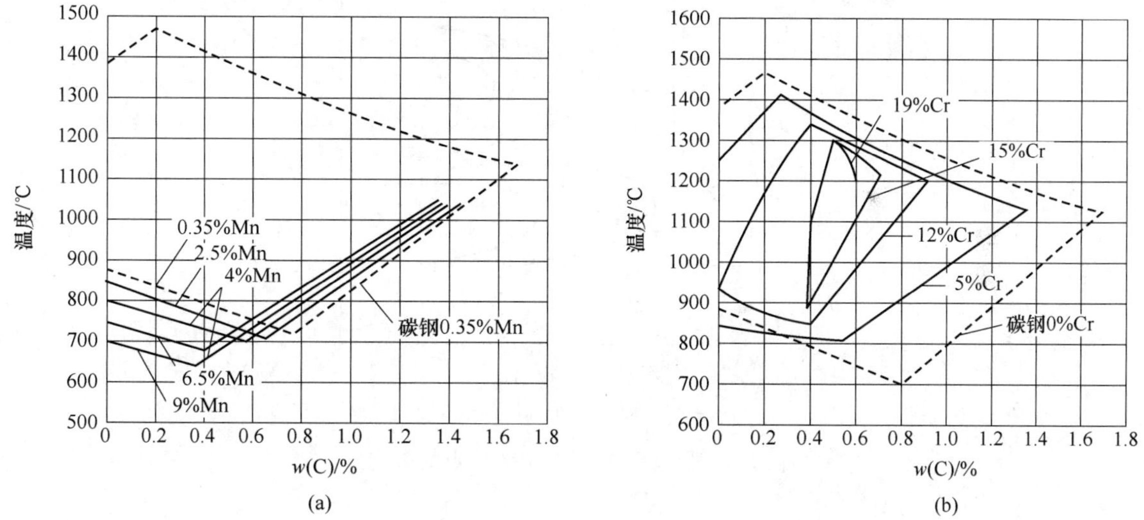

图 6-2　合金元素（Mn、Cr）对 Fe-C 合金相图的影响

（a）锰对铁碳合金相图的影响；（b）铬对铁碳合金相图的影响

（二）热处理组织

1. 合金钢的热处理特点

（1）合金钢的热处理加热温度高于相同含碳量的碳钢。因为合金元素阻碍钢奥氏体化过程中碳和铁的扩散。

（2）合金钢的淬火冷却速度要低于碳钢，一般用油淬火。因为合金元素（除钴外）溶入奥氏体后，均提高过冷奥氏体的稳定性，使“C”曲线右移，提高钢的淬透性，如图 6-3 所示。

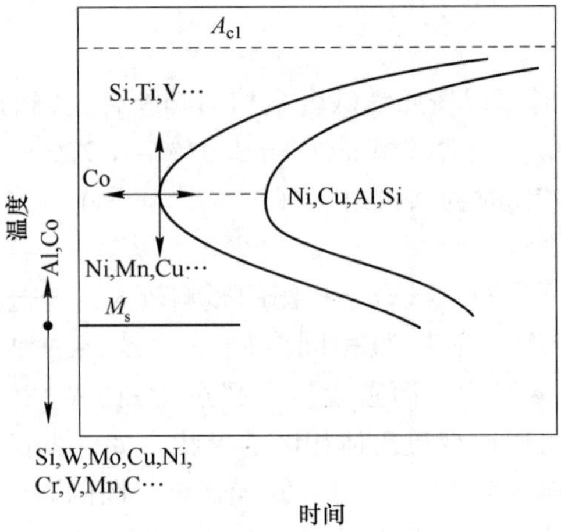

图 6-3　合金元素对“C”曲线的影响

（3）合金钢有时采用多次回火。因为合金元素（除钴、铝外）溶入奥氏体后，使 M_s 及 M_f 降低，使钢中残余奥氏体量增多，可多次回火降低残余奥氏体，如图 6-4 所示。

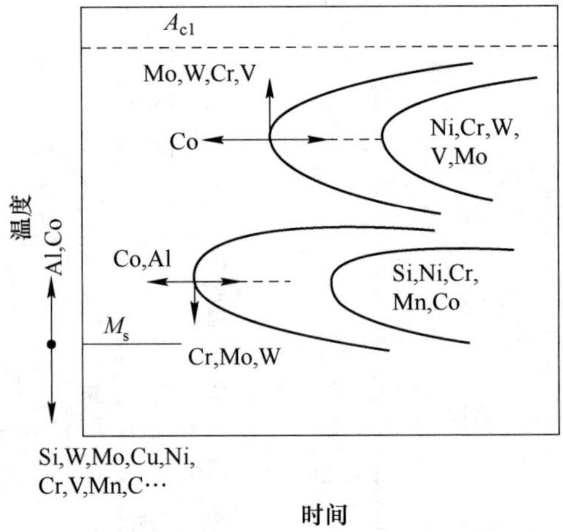

图 6-4　合金元素对 M_s（M_f）点的影响

（4）合金钢回火时与相同含碳量的碳钢比，温度高、时间长。因为合金元素阻碍马氏体分解和碳化物聚集长大，使回火时的硬度降低过程变缓。

（5）合金钢回火时会产生“二次硬化”，即回火时硬度回升现象。因为含有大量碳化物形成元素（如钨、钼、钒等）的淬火钢，在回火过程中当温度达到 400 ℃以上时形成和析出特殊碳化物，这种碳化物颗粒很细且不易聚集，产生弥散硬化作用，使钢的硬度提高。因此，这类钢在 500~600 ℃回火时出现“二次硬化”现象，如图 6-5 所示。二次硬化现象对需要较高红硬性的工具钢具有重要意义。

（6）合金钢回火时会产生“回火脆性”，即淬火钢在某些温度区间回火或回火时缓慢冷却通过该温度区间时产生的脆化现象，如图 6-6 所示。它与 Sb、Sn、P 等杂质元素在原奥氏体晶界上偏聚有关。含铬、锰、镍等合金元素的合金钢回火时若缓慢冷却，最

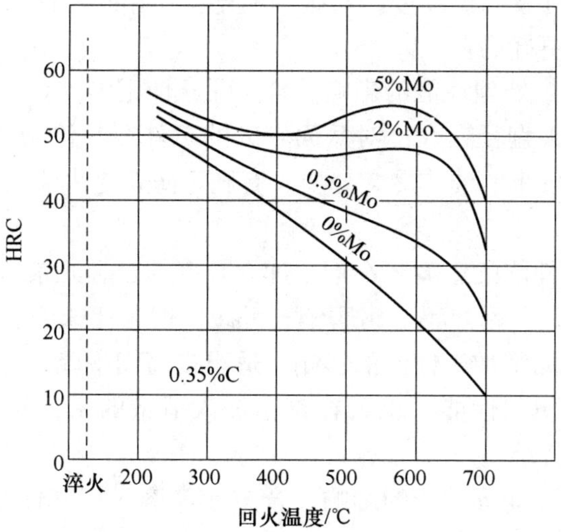

图 6-5　$w(C)=0.35\%$钼钢回火温度与硬度关系曲线

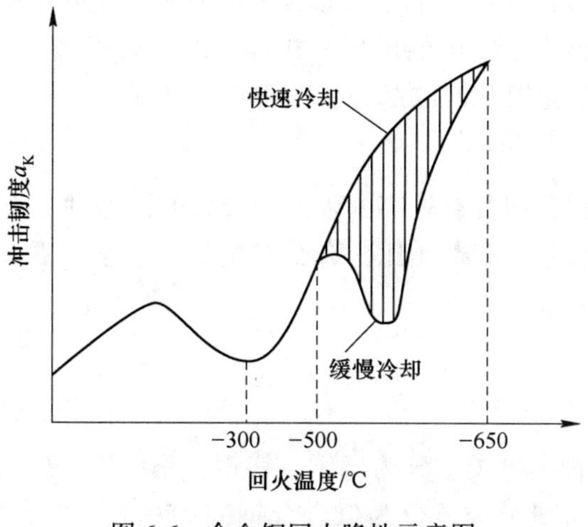

图 6-6　合金钢回火脆性示意图

易发生这种偏聚。如果回火时快冷，杂质元素便来不及在晶界上偏聚，就可防止这种回火脆性。

2. 合金钢的热处理组织

合金总量少时，合金钢的热处理组织与相同含碳量的碳钢相似。低碳钢退火或正火后，组织为F+P；中碳钢调质热处理后，组织为回火索氏体；高碳钢淬火及低温回火热处理后，组织主要为回火马氏体（过共析钢还有粒状渗碳体）。

合金总量多时，热处理组织较复杂，在此不再赘述。

（三）合金钢的性能及应用

1. 合金元素对钢性能的影响

（1）合金元素对钢力学性能的影响。合金元素加入钢中可起到固溶强化、弥散强化等作用，从而提高钢的强度及高温强度。与碳钢相比，在相同韧性条件下具有更高的强度或在相同强度条件下获得更好的韧性。

（2）合金元素对钢热处理性能的影响。合金元素使钢的“C”曲线右移，提高钢的淬透性。合金钢的临界淬火直径较大，对截面较大的工件容易淬透，保证淬火质量。另外，钢淬火时可用冷速相对较小的油作冷却介质，有利于防止淬火应力过大造成的变形和开裂缺陷。

（3）合金元素对钢性能的影响。在钢中加入较多的合金元素可使钢具有一些特殊的物理化学性能，得到不锈钢、耐热钢、耐磨钢、无磁性钢等特殊性能钢。

（4）合金元素对钢切削加工性能的影响。适当提高钢中硫、锰的含量，形成均匀分布的硫化锰夹杂物可改善切削性能。也可在钢中加入适量的铅，使它弥散、均匀分布在钢中，提高切削钢的切削性能。

（5）合金元素对钢冷变形性能的影响。合金元素溶入钢基体中一般会使钢变硬变脆，导致冷形变加工困难。因此冷变形用钢要限制钢中碳、硅、硫、磷、镍、铬、钒、铜等元素的含量。

（6）合金元素对焊接性能的影响。焊接性能的好坏，主要由钢材的淬透性决定。如果淬透性高，焊缝附近热影响区内可能出现马氏体组织，易脆裂，使焊接性能下降。但钒、钛、铌、锆等元素，可细化熔化区的晶粒，改善焊接性能。

2. 合金钢的性能特点及应用

合金元素的作用使合金钢具有较高的强度、较好的淬透性，有的合金钢具有耐热、耐蚀、耐磨等特殊性能，因此与碳钢相比，合金钢主要用于强度要求更高的工件、尺寸更大的工件或一些特殊性能要求的工件。

三、合金钢的分类

（1）按合金元素的种类分类。分为锰钢、铬钢、铬镍钢、硅锰钢等。

（2）按合金元素的含量分类。分为低合金钢（<5%）、中合金钢（5%~10%）、高合金钢（>10%）。

（3）按钢的主要质量等级分类。分为普通合金钢（w(S)≤0.05%、w(P)≤0.045%）、优质合金钢（w(S)≤0.03%、w(P)≤0.035%）、高级优质合金钢（w(S)≤0.02%、w(P)≤0.025%）。

（4）按用途分类。按用途分类是合金钢最常用的分类方法，分为合金结构钢、合金工具钢、特殊性能钢。

1）合金结构钢。用于制造各种工程结构件和机器零件，分为低合金高强度钢、合金渗碳钢、合金调质钢、弹簧钢、滚动轴承钢、易切钢等。

2）合金工具钢。用于制造各种工、模具，分为合金刃具钢、合金模具钢和合金量具钢。

3）特殊性能钢。指具有特殊物理、化学性能的钢，分为不锈钢、耐热钢、耐磨钢等。

四、合金结构钢

合金结构钢中的低合金高强度结构钢主要用于各种受力的工程结构，大多为普通质量钢，冶炼简便，成本低，使用时一般不进行热处理。合金渗碳钢、合金调质钢、弹簧钢、滚动轴承钢等用于制造机器零件，对力学性能要求较高，属于优质钢或高级优质钢，一般都经过热处理后使用。

（一）低合金高强度钢

1. 成分

低合金高强度结构钢又称普通低合金结构钢（简称普低钢），是在碳素结构钢的基础上加入少量合金元素发展起来的。它含碳量较低，$w(C)<0.16\%$，以少量锰为主加元素，并辅加钛、钒、铌、铜、磷等合金元素。锰是强化基体元素，含量在1.8%以下，除固溶强化外，还细化铁素体晶粒，所以既提高了强度，又改善了塑件和韧性。钛、钒、铌等合金元素在钢中形成微细碳化物，起到细化晶粒和弥散强化的作用，从而提高钢的强度和冲击韧性等。铜、磷可提高钢对大气的抗蚀能力。

2. 组织

低合金高强度钢一般在热轧后或正火状态下使用，组织为铁素体和少量珠光体。

3. 性能及应用

低合金高强度钢具有良好的焊接性、耐蚀性以及较好的韧性、塑性，强度显著高于相同含碳量的碳钢。如Q345（16Mn）的屈服强度为300~400 MPa，旧普通碳素结构钢Q235的屈服强度为185~235 MPa。因此，用这种钢代替普通碳素结构钢，可大幅度减轻结构质量，节约钢材，提高使用可靠性。另外，由于其成本与碳素结构钢相近，因此这种钢在桥梁、船舶、高压容器、车辆、石油化工等工程结构中应用广泛。

低合金高强度结构钢的牌号、化学成分和力学性能见表6-7。

表6-7　低合金高强度结构钢的牌号、化学成分和力学性能

<table>
<tr><th rowspan="2">牌号</th><th rowspan="2">等级</th><th colspan="11">化学成分(质量分数)/%，≤</th><th rowspan="2">R_{eL} /N·mm^{-2} d≤ 40 mm</th><th rowspan="2">R_m /N·mm^{-2} d≤ 16 mm</th><th rowspan="2">A/% d≤ 40 mm</th><th colspan="2">冲击吸收能量（纵向）</th></tr>
<tr><th>C</th><th>Si</th><th>Mn</th><th>P</th><th>S</th><th>Nb</th><th>V</th><th>Ti</th><th>Cr</th><th>Ni</th><th>Mo</th><th>试验温度/℃</th><th>A_{KV2}/J，≥ 厚度=12~150 mm</th></tr>
<tr><td rowspan="5">Q345</td><td>A</td><td>0.20</td><td rowspan="10">0.50</td><td rowspan="10">1.70</td><td>0.035</td><td>0.035</td><td rowspan="10">0.07</td><td rowspan="5">0.15</td><td rowspan="10">0.20</td><td rowspan="10">0.30</td><td rowspan="10">0.50</td><td rowspan="10">0.10</td><td rowspan="5">≥345</td><td rowspan="5">470~630</td><td rowspan="5">≥20</td><td>—</td><td rowspan="5">34</td></tr>
<tr><td>B</td><td>0.20</td><td>0.035</td><td>0.035</td><td>20</td></tr>
<tr><td>C</td><td>0.20</td><td>0.030</td><td>0.030</td><td>0</td></tr>
<tr><td>D</td><td>0.18</td><td>0.030</td><td>0.025</td><td>-20</td></tr>
<tr><td>E</td><td>0.18</td><td>0.025</td><td>0.020</td><td>-40</td></tr>
<tr><td rowspan="5">Q390</td><td>A</td><td rowspan="5">0.20</td><td>0.035</td><td>0.035</td><td rowspan="5">0.20</td><td rowspan="5">≥390</td><td rowspan="5">490~650</td><td rowspan="5">≥20</td><td>—</td><td rowspan="5">34</td></tr>
<tr><td>B</td><td>0.035</td><td>0.035</td><td>20</td></tr>
<tr><td>C</td><td>0.030</td><td>0.030</td><td>0</td></tr>
<tr><td>D</td><td>0.030</td><td>0.025</td><td>-20</td></tr>
<tr><td>E</td><td>0.025</td><td>0.020</td><td>-40</td></tr>
</table>

续表 6-7

牌号	等级	化学成分(质量分数)/%，≤											R_{eL} /N·mm^{-2} d≤ 40 mm	R_m /N·mm^{-2} d≤ 16 mm	A/% d≤ 40 mm	冲击吸收能量（纵向）	
		C	Si	Mn	P	S	Nb	V	Ti	Cr	Ni	Mo				试验温度/℃	A_{KV2}/J，≥ 厚度=12~150 mm
Q420	A				0.035	0.035										—	
	B				0.035	0.035										20	
	C	0.20	0.50	1.70	0.030	0.030	0.07						≥420	520~680	≥19	0	34
	D				0.030	0.025				0.30						-20	
	E				0.025	0.020		0.20								-40	
Q460	C				0.030	0.030						0.20				0	
	D	0.20			0.030	0.025							≥460	550~720	≥17	-20	34
	E				0.025	0.020										-40	
Q500	C			1.80	0.030	0.030			0.20		0.80					0	55
	D	0.18			0.030	0.025				0.60			≥500	610~770	≥17	-20	47
	E				0.025	0.020										-40	31
Q550	C				0.030	0.030										0	55
	D	0.18	0.60		0.030	0.025	0.11			0.80			≥550	670~830	≥16	-20	47
	E				0.025	0.020		0.12								-40	31
Q620	C				0.030	0.030										0	55
	D	0.18		2.00	0.030	0.025						0.30	≥620	710~880	≥15	-20	47
	E				0.025	0.020										-40	31
Q690	C				0.030	0.030				1.00						0	55
	D	0.18			0.030	0.025							≥690	770~940	≥14	-20	47
	E				0.025	0.020										-40	31

低合金高强度结构钢牌号和用途见表 6-8。

表 6-8 低合金高强度结构钢牌号和用途

新标准	旧标准	用 途 举 例
Q295	09MnV，9MnNb，09Mn2，12Mn	车辆的冲压件，冷弯型钢，螺旋焊管、拖拉机轮圈、低压锅炉汽包、中低压化工容器，输油管道、储油罐、油船等
Q345	12MnV，14MnNb，16Mn，18Nb，16MnRE	船舶、铁路车辆、桥梁、管道、锅炉、压力容器、石油储罐、起重及矿山机械、电站设备厂房钢架等
Q390	15MnTi，16MnNb，10MnPNbRE，15MnV	中高压锅炉汽包、中高压石油化工容器、大型船舶、桥梁、车辆、起重机及其他较高载荷的焊接结构件等
Q420	15MnVN，14MnVTiRE	大型船舶、桥梁、电站设备、起重机械、机车车辆、中压或高压锅炉及容器及其大型焊接结构件等
Q460		可淬火加回火后用于大型挖掘机、起重运输机械、钻井平台等

（二）合金渗碳钢

1. 成分

合金渗碳钢的含碳量一般为0.15%~0.25%，低的含碳量是保证渗碳零件的心部具有足够的韧性。主加的合金元素有锰、铬、镍等，可辅加少量的硼、钛、钒、铜等。合金元素能提高钢的淬透性、改善心部性能，还可细化晶粒，防止渗碳过程中钢件产生过热。

2. 热处理方法及组织

合金渗碳钢的热处理一般是在渗碳后进行淬火及低温回火处理。热处理后表层组织由回火马氏体及少量分布均匀的碳化物组成，有很高的硬度（58~62 HRC）和耐磨性。心部组织与钢的淬透性及零件尺寸有关，全部淬透时是低碳回火马氏体（40~48 HRC），未淬透时是屈氏体、少量低碳回火马氏体（25~40 HRC，$a_K \geqslant 60\ J/cm^2$）。

3. 性能及应用

合金渗碳钢零件在渗碳、淬火及低温回火后具有“表硬心强韧”的性能，能在冲击载荷作用下及强烈磨损条件下工作，主要用于制造性能要求较高或截面尺寸较大的渗碳零件。如汽车、拖拉机上的变速齿轮，内燃机上的凸轮轴、活塞销等。

4. 合金渗碳钢零件制造工艺路线

20CrMnTi 钢制造汽车变速箱齿轮的工艺路线如下：

下料→锻造→正火→加工齿形→渗碳（930 ℃）→预冷淬火（830 ℃）→低温回火（200 ℃）→磨削齿形。

5. 常用合金渗碳钢

常用合金渗碳钢的牌号、热处理、力学性能和用途见表6-9。

（三）合金调质钢

1. 成分

合金调质钢的含碳量为0.25%~0.5%。主加合金元素为硅、锰、铬、镍等，辅加元素有硼（0.001%~0.003%）、钨、钛、钒、铂等。合金元素可提高淬透性，可起固溶强化及弥散强化作用，微量的钨、钼等元素可减轻或防止回火脆性。

2. 热处理方法及组织

合金调质钢的预备热处理一般采用正火或退火，目的是细化晶粒，降低硬度以改善切削加工性能。对于合金元素含量较高的钢，正火后形成马氏体组织，硬度很高，需进行一次高温回火，以降低硬度。

调质钢的最终热处理一般采用调质处理，得到回火索氏体组织。如果零件还要求表面有良好的耐磨性，则要在调质处理后进行表面淬火（或淬火）后低温回火，以使表面得到回火马氏体组织。

3. 性能及应用

调质处理后合金调质钢具有良好的综合力学性能，广泛用于制造高强度和高韧性要求的各种重要机器零件，如轴、连杆、齿轮等。对于一些大截面零件，为保证足够的淬透性，必须选用合金调质钢。

4. 合金调质钢零件制造工艺路线

40Cr 汽车或拖拉机连杆的工艺路线为：下料→锻造→退火→粗切削加工→调质→精切削加工→装配。

5. 常用合金调质钢

常用合金调质钢的牌号、化学成分、热处理、力学性能和用途见表6-10。

表 6-9 常用合金渗碳钢的牌号、化学成分、热处理、力学性能和用途

类别	牌号	数字代号	化学成分（质量分散）/%					热处理			力学性能（≥）						用途
			C	Si	Mn	Cr	其他	渗碳/℃	淬火/℃	回火/℃	R_m /N·mm^{-2}	R_{eH} ($R_{p0.2}$) /N·mm^{-2}	A /%	Z /%	A_{KU2} /J	HBW ≤	
低淬透性	15	U20152	0.12~0.18		0.35~0.65				800 水		375	225	27	55		143	活塞销等
低淬透性	20Mn2	A00202	0.17~0.24		1.40~1.80				850 水 油		785	590			47	187	小齿轮、小轴、活塞、销等
低淬透性	20MnV	A01202			1.30~1.60				880 水 油		785	590		40	55	187	小齿轮、小轴、活塞、销等。也用作锅炉、高压容器管道等
低淬透性	20Cr	A20202	0.18~0.24		0.50~0.80	0.70~1.00			880 水 油		835	540			47	179	小齿轮、小轴、活塞销等
中淬透性	20CrMn	A22202	0.17~0.23	0.17~0.37	0.90~1.20	0.90~1.20	V:0.07~0.12	930	850 油	200	930	735	10		47	187	齿轮、轴、蜗杆、活塞销、摩擦轮等
中淬透性	20CrMnTi	A26202			0.80~1.10	1.00~1.30	Ti:0.04~0.10		880 油		1080	850			55	217	汽车、拖拉机上的变速箱齿轮等
中淬透性	20MnTiB	A74202	0.17~0.24		1.30~1.60		Ti:0.04~0.10 B:0.0005~0.0035		860 油		1130	930		45	55	187	代 20CrMnTi
高淬透性	20Cr2Ni4	A43202	0.17~0.23		0.30~0.60	1.25~1.62	Ni: 3.25~3.65		880 油		1180	1080			63	269	大型渗碳齿轮和轴类等
高淬透性	18Cr2Ni4WA	A52183	0.13~0.19			1.35~1.65	Ni: 4.00~4.50 W: 0.80~1.20		950 空		1180	835			78	269	大型渗碳齿轮和轴类等

表 6-10　常用合金调质钢的牌号、化学成分、热处理、力学性能和用途

类别	牌号	数字代号	化学成分（质量分数）/%					毛坯尺寸/mm	热处理/℃		力学性能（≥）						用途
			C	Si	Mn	Cr	其他		淬火	回火	R_m/MPa	$R_{eH}(R_{p0.2})$/MPa	A/%	Z/%	A_{KU2}/J	HBW(≤)/MPa	
碳素钢	45	U20452	0.42~0.50		0.50~0.80				840，水	600	600	355	16	40	39	229	主轴、曲轴、齿轮等
低淬透性	40Cr	A20402		0.17~0.37		0.80~1.10			840，油	520			9				轴类、连杆、螺栓、重要齿轮等
	40MnB	A71402	0.37~0.44		1.10~1.40		B：0.0005~0.0035		850，油	500	980	785	10	45	47	207	主轴、曲轴、齿轮等
	40MnVB	A73402					B：0.0005~0.0035，V：0.05~0.10	25		520							代 40Cr 制作重要零件
中淬透性	38CrSi	A21382	0.35~0.43	1.00~1.30	0.30~0.60	1.30~1.60			900，油	600			12	50	55	255	大载荷轴类、车辆上的调质件等
	30CrMnSi	A24302	0.27~0.34	0.90~1.20	0.80~1.10	0.80~1.10			880，油	540	1080	835	10	45	39		高强度钢、高速载荷轴类等
	35CrMo	A30352	0.32~0.40	0.17~0.37	0.40~0.70	0.80~1.10	Mo：0.15~0.25		850，油	550	980		12		63	229	重要调质件、曲轴、连杆、大截面轴等
	38CrMoAl	A33382	0.35~0.42	0.20~0.45	0.30~0.60	1.35~1.65	Mo：0.15~0.25，Al：0.70~1.10	30	940，水、油	640			14	50	71		渗氮零件、镗杆、缸套等
	37CrNi3	A42372	0.34~0.41			1.20~1.60	Ni：3.00~3.50		820，油	500	1130	980	10		47	269	大截面并需要高强度、高韧性的零件
	40CrMnMo	A34402	0.37~0.45	0.17~0.37	0.90~1.20	0.90~1.20	Mo：0.20~0.30			600	980	785		45	63	217	相当于 40CrNiMo 高级调质钢
	25Cr2Ni4WA	A52253	0.21~0.28		0.30~0.60	1.35~1.65	Ni：4.00~4.50，W：0.80~1.20	25	850，油	550	1080	930	11		71	269	力学性能要求高的大截面零件
	40CrNiMoA	A50403	0.37~0.44		0.50~0.80	0.60~0.90	Ni：1.25~1.65，Mo：0.15~0.25			600	980	835	12	55	78		高强度零件、飞机发动机轴等

（四）合金弹簧钢

1. 成分

合金弹簧钢的含碳量一般为 0.45%～0.7%（碳素弹簧钢的含碳量为 0.6%～0.9%），主加合金元素是硅和锰，辅加少量的铬、钒等；合金元素的作用是固溶强化、细化晶粒、弥散强化等，并提高淬透性。

2. 热处理方法及组织

弹簧按加工工艺方法不同，可分为冷成型弹簧和热成型弹簧，它们的热处理方法及组织也不同。

（1）冷成型弹簧。直径较小的弹簧，可采用冷拉钢丝冷卷成型。冷卷后的弹簧不必进行淬火处理，只需进行一次消除内应力和稳定尺寸的定型处理，即加热到 250～300 ℃，保温一段时间，从炉内取出空冷即可，组织为珠光体和少量铁素体，且晶粒有拉长变形。

（2）热成型弹簧。截面尺寸较大的弹簧，通常是在热成型后进行淬火＋中温回火（350～500 ℃）处理，得到回火屈氏体组织。

3. 性能及应用

合金弹簧钢具有高的屈服强度特别是高的弹性极限，并有一定的塑性和韧性，用来制造各种弹簧和弹性元件。弹簧的表面质量对使用寿命影响很大，常采用喷丸处理以强化表面，提高弹簧钢的屈服强度和疲劳强度。

4. 合金弹簧钢零件制造工艺路线

60Si2Mn 汽车板簧的工艺路线为：扁钢下料→加热压弯成型→淬火＋中温回火→喷丸。

5. 常用合金弹簧钢

常用合金弹簧钢的牌号、化学成分、热处理、力学性能和用途见表 6-11。

表 6-11 常用合金弹簧钢的牌号、化学成分、热处理、力学性能和用途

类别	牌号	数字代号	化学成分（质量分数）/%					热处理/℃		力学性能≥					用途举例
			C	Si	Mn	Cr	V	淬火	回火	R_m/N·mm^{-2}	R_{eL}/N·mm^{-2}	A/%	$A_{11.3}$/%	Z/%	
碳素弹簧钢	65	U20652	0.62～0.70	0.17～0.37	0.50～0.80	≤0.25		840油	500	980	785		9	35	用于制造汽车、机车车辆、拖拉机的板弹簧及螺旋弹簧
	85	U20852	0.82～0.90	0.17～0.37	0.50～0.80	≤0.25		820油	480	1130	980		6	30	
	65Mn	U21653	0.62～0.70	0.17～0.37	0.90～1.20	≤0.25		830油	540	980	785		8	30	用于制造较大尺寸的扁弹簧、冷卷簧、气门簧、发条弹簧等
合金弹簧钢	60Si2Mn	A11602	0.56～0.64	1.50～2.00	0.70～1.00	≤0.35		870油	480	1275	1189		5	25	用于制造汽车、拖拉机的板弹簧、螺旋弹簧、安全阀及止回阀用弹簧，耐热弹簧等
	50CrVA	A23503	0.46～0.54	0.17～0.37	0.50～0.80	0.80～1.10	0.10～0.20	850油	500	1275	1130	10		40	用于制造大截面、高应力螺旋弹簧及工作温度低于 300 ℃的耐热弹簧
	60Si2CrVA	A28603	0.56～0.64	1.40～1.80	0.40～0.70	0.90～1.20	0.10～0.20	850油	410	1860	1665	6		20	适于制造高负荷、耐冲击的重要弹簧及工作温度低于 200 ℃的耐热弹簧，如高压水泵碟形弹簧等

（五）滚动轴承钢

1. 成分

滚动轴承钢含碳量为0.95%～1.15%，为高碳钢，可保证高硬度和高耐磨性。主加合金元素是铬，含量为0.4%～1.65%；有时可添加硅、锰等元素。合金元素可提高淬透性，铬元素还可形成弥散分布的碳化物提高钢的耐磨性和接触疲劳强度。

2. 热处理方法及组织

滚动轴承钢在锻造后进行球化退火作为预备热处理，以降低硬度，方便加工。最终热处理是淬火+低温回火，组织为回火马氏体及细粒状碳化物。

3. 性能及应用

滚动轴承钢热处理后具有很高的硬度、耐磨性及良好的疲劳强度，还有足够的韧性，表面能承受较高的局部应力和磨损，主要用来制造滚动轴承的内、外套圈和滚动体。

4. 滚动轴承钢零件制造工艺路线

GCr15轴承钢制造轴承的工艺路线：轧制或锻造→球化退火→切削加工→淬火+低温退火→磨削加工。

对于精密轴承，为保证尺寸稳定性，可在淬火后进行冷处理，并在磨削加工后在120～130 ℃下进行5～10 h的稳定化处理。

5. 常用滚动轴承钢

常用滚动轴承钢的牌号、化学成分、热处理和用途见表6-12。

表6-12 常用滚动轴承钢的牌号、化学成分、热处理和用途

牌号	化学成分（质量分数）/%						热处理			用途举例
	C	Si	Mn	Cr	P	S	淬火/℃	回火/℃	回火HRC	
GCr9	1.00～1.10	0.15～0.35	0.25～0.45	0.90～1.20	≤0.025	≤0.025	810～803	150～170	62～66	小尺寸滚动体和内外套圈
GCr15	0.95～1.05	0.15～0.35	0.25～0.45	1.45～1.65	≤0.025	≤0.025	825～845	150～170	62～66	汽车、拖拉机、机床的轴承
GCr15SiMn	0.95～1.05	0.45～0.75	0.95～1.25	1.45～1.65	≤0.025	≤0.025	825～845	150～180	>62	大型轴承滚动体和内外套圈

（六）易切钢

1. 成分

在碳钢中加入一定量的合金元素S、Pb、P、Ca等合金元素形成的容易切削加工的易切削结构钢。其可以是从低碳到高碳各种含碳量的钢，钢中含硫量为0.22%～0.3%，含锰量为0.6%～1.55%，使钢中形成大量的MnS夹杂物，使切屑易断，具有一定的润滑作用，还能减少刀具磨损，从而改善切削性能。磷能溶于铁素体，提高强度、硬度，降低塑性、韧性，适当提高含磷量可以使铁素体脆化，也能提高切削性能，还可降低零件的表面粗糙度。含锰量较高的易切钢，应在钢号后标出Mn或锰，如Y40Mn等。

2. 热处理方法及组织

易切钢的热处理及组织主要由钢中含碳量决定。

3. 性能及应用

易切钢适合在自动机床上进行高速切削，切削后零件表面质量较高，而且刀具的磨损较小，使用寿命较长。主要用于制造受力较小、不太重要且大批生产的标准件，如螺钉、螺母、垫圈、垫片、缝纫机、计算机和仪表零件等。

易切削钢可进行最终热处理，预备热处理会降低易切削性。易切削钢的成本高，适合于大批量生产。

五、合金工具钢

（一）合金刃具钢

刃具钢可制造各种车刀、铣刀等切削刀具。它必须具有高硬度（>60 HRC）、高耐磨性、高热硬性（钢在高温下保持硬度的能力称为热硬性或红硬性）、足够的韧性和塑性。

1. 低合金刃具钢

（1）成分。含碳量高，为 0.75%~1.5%，主加硅、铬、锰、钨等合金元素，保证高硬度、高耐磨性、高热硬性，提高淬透性。

（2）热处理方法及组织。锻造后进行球化退火预备热处理，降低硬度，方便切削加工。最终热处理为淬火+低温回火，组织为回火马氏体+粒状碳化物。

（3）性能及应用。低合金刃具钢与碳素工具钢相比，有较高的淬透性、较小的淬火变形、较高的红硬性（达 300 ℃）、较高的强度与耐磨性。但其红硬性、耐磨性、淬透性仍不能满足高速切削要求。主要用于制造变形要求小的、尺寸较小的或低速切削的刀具，如丝锥、板牙、铰刀、钻头、低速车刀、刨刀等。

（4）低合金刃具钢制造工艺路线。9SiCr 圆板牙制造工艺路线：下料→锻造→球化退火→粗切削加工→淬火+低温回火→精切削加工。

（5）常用钢种。常用低合金刃具钢的牌号、化学成分、热处理、力学性能和用途见表 6-13。

2. 高速钢

（1）成分。含碳最高，为 0.75%~1.65%，可保证形成较多的合金碳化物，获得高碳马氏体，从而保证高硬度及高耐磨性。还含有质量分数总和在 10%以上的钨、钼、钒、铬等碳化物形成元素。钨和钼的作用主要是提高钢的热硬性，含有大量钨和钼的马氏体具有很高的抗回火性，在 560 ℃左右回火时，会析出弥散的特殊碳化物 W_2C、Mo_2C，造成二次硬化；铬能显著提高钢的淬透性；钒形成的碳化物 VC 很稳定，硬度极高，可显著提高钢的耐磨性，钒也产生二次硬化，提高钢的热硬性。

（2）热处理方法及组织。高速钢中大量的合金元素使铁碳相图上的 *E* 点显著左移，其铸态组织中出现莱氏体，且莱氏体中的大量共晶碳化物呈鱼骨状分布，使钢有很大的脆性。如图 6-7（a）所示为高速钢 W18Cr4V 的铸态组织，组织中粗大的碳化物不能用热处理来消除，通常采用反复锻造的办法将其击碎，并使其均匀分布。高速钢锻造后进行球化退火，其组织为索氏体和细小粒状碳化物，如图 6-7（b）所示为高速钢 W18Cr4V 锻造后退火的组织。

高速钢的优良性能只有经过正确的淬火和回火之后才能发挥出来。为了使钨、钼、钒等合金元素较多地溶入奥氏体，以提高钢的红硬性，它的淬火温度非常高（1200 ℃以

表 6-13　常用合金刀具钢的牌号、化学成分、热处理、力学性能和用途

类别	牌号	数字代号	化学成分（质量分数）/%									力学性能			用途举例
			C	Si	Mn	P	S	Cr	W	Mo	V	HBW（交货状态）	淬火 温度及介质	淬火 HRC	
低合金工具钢	9SiCr	T30110	0.85~0.95	1.20~1.60	0.30~0.60			0.95~1.25				241~197	820~860 油	≥62	板牙、丝锥、钻头、铰刀、齿轮铣刀、冷冲模、冷轧辊等
	Cr2	T30201	0.95~1.10	≤0.40	≤0.40			1.30~1.65				229~179	830~860 油	≥62	切削工具如车刀、刀、插刀、铰刀等；测量工具，样板等；凸轮销、偏心轮、冷轧辊等
	CrWMn	T20111	0.90~1.05		0.80~1.10	≤0.030	≤0.030	0.90~1.20	1.20~1.60			255~207	800~830 油	≥62	板牙、拉刀、量规、形状复杂高精度的冲模等
高速钢	W18Cr4V	T51841	0.73~0.83	0.20~0.40	0.10~0.40			3.80~4.50	17.20~18.70		1.00~1.20	≤255	1260~1280 油	≥63	制造一般高速切削用车刀、刨刀、钻头、铣刀等
	W6Mo5Cr4V2	T66541	0.80~0.90	0.20~0.45	0.15~0.40			3.80~4.40	5.50~6.75	4.50~5.50	1.75~2.20	≤262	1200~1220 油	≥64	制造要求耐磨性和韧性很好配合的高速切削刀具，如丝锥、钻头等；并适于采用轧制、扭制热变形加工成型新工艺来制造钻头等刀具
	W6Mo5Cr4V3	T66543	1.15~1.25	0.15~0.40	0.20~0.45			3.80~4.50	5.90~6.70	4.70~5.20	2.70~3.20	≤262	1190~1210 油	≥64	制造要求耐磨性和热硬性较高的、耐磨性和韧性较好配合的、形状稍为复杂的刀具，如拉刀、铣刀等

上）。高速钢的导热性很差，淬火加热温度又很高，所以淬火加热时，必须进行一次预热（800～850 ℃）或两次预热（500～600 ℃，800～850 ℃），以防止开裂。高速钢淬火后组织为细小针片状马氏体（一般光学显微组织分辨不出，称隐针马氏体）、粒状碳化物及大量残余奥氏体组成，如图 6-7（c）所示。

高速钢的回火工艺通常是在 550～570 ℃回火（每次保温 1 h）3 次，以使残余奥氏体尽量都转变为回火马氏体。最后的组织为极细的回火马氏体、细粒状碳化物及少量残余奥氏体，如图 6-7（d）所示为高速钢 W18Cr4V 的回火组织。在回火过程中，由马氏体中析出高度弥散的钨、钼及钒的碳化物，使钢的硬度明显提高，形成二次硬化；同时残余奥氏体转变为马氏体，也使硬度提高，保证了钢的高硬度和热硬性。

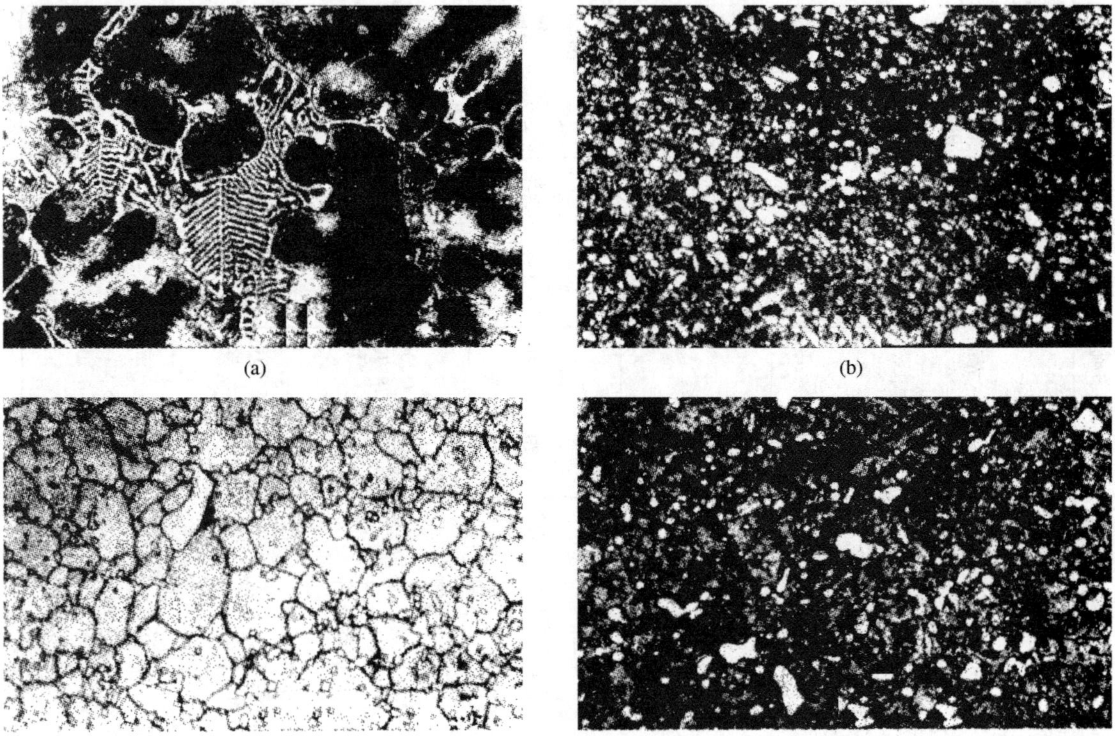

(a)　(b)　(c)　(d)

图 6-7　高速钢的组织

（a）铸态组织 400×；（b）球化退火后组织 1000×

（c）淬火组织 1000×；（d）淬火回火组织 1000×

（3）性能及应用。高速钢与其他工具钢相比的突出特点是高的热硬性，它可使刀具在高速切削、刃部温度升高到 600 ℃时硬度仍能维持在 55～60 HRC。高速钢还具有高硬度和高耐磨性，使切削时刀刃保持锋利，因此高速钢也称为“锋钢”。高速钢的淬透性优良，甚至在空气中冷却也能得到马氏体，又称“风钢”。高速钢广泛应用制造尺寸大、形状复杂、负荷重、工作温度高的各种高速切削刀具。

（4）高速钢制造工艺路线。W18Cr4V 钢制造盘形铣刀的工艺路线：下料→锻造→球化退火→切削加工→淬火+回火→喷砂→磨削加工。

（5）常用钢种。W18Cr4V 钢是我国发展最早、应用最广的一个钢种，它的特点是热硬性高、加工性好。目前应用较广的还有 W6Mo5Cr4V2 等钨钼系高速钢，这类钢的耐磨性、热塑性和韧性都优于 W18Cr4V 钢，而且价格相对较低，但其脱碳倾向较大，热加工时应注意。

（二）合金模具钢

模具是用于压力加工的工具，模具的品种不同，性能要求也不同，用作模具的材料也不同，碳素工具钢、合金工具钢、高速钢、滚动轴承钢等都可用于制造模具。根据模具的工作条件不同，模具钢可分为冷作模具钢和热作模具钢。

1. 冷作模具钢

（1）成分。含碳量较高，为 0.85%～2.3%，以保证高硬度；常加入铬、钨、锰、钼等合金元素提高淬透性、耐磨性等。

（2）热处理方法及组织。预备热处理为球化退火以软化材料，方便切削加工；最终热处理为淬火和较低温度回火，以提高硬度及耐磨性。

（3）性能及应用。冷作模具钢具有高的硬度和良好的耐磨性以及足够的强度和韧性，具有较高的淬透性。用于制造使金属在较低温度下变形的模具，如冷冲模、拉丝模等。

（4）冷作模具加工工艺路线。Cr12MoV 钢制冲孔模具的工艺路线：下料→锻造→球化退火→切削加工→淬火+回火→磨削加工或电火花加工。

（5）常用钢种。尺寸较小的轻载模具，可采用 T10A、9SiCr、9Mn2V 等一般刃具钢来制造。尺寸较大的重载模具或要求精度较高、热处理变形小的模具，一般采用 Cr12 型钢如 Cr12、Cr12MoV 等。Cr12 型钢的化学成分、热处理和应用见表 6-15，这类钢含有高碳和高铬，其组织中有较多铬的碳化物，耐磨性好。Cr12MoV 钢的含碳量低于 Cr12 钢，故其碳化物不均匀性较 Cr12 钢有所减轻，因此强度和韧性较高。钼能减轻碳化物偏析，并能提高淬透性。钒可细化钢的晶粒，增加韧性。

2. 热作模具钢

热作模具钢用于制造使金属热成型的模具，如热锻模、热挤压模、压铸模等。其工件部分的温度会升高到 300～400 ℃（热锻模）、500～800 ℃（热挤压模），甚至达到 1000 ℃（钢铁压铸模），工作时承受较大冲击、摩擦、反复的热循环、热应力。

（1）成分。含碳量为 0.3%～0.6%，在中碳范围，保证较高的韧性、强度、硬度、导热性；常加入 Cr、Ni、Mn、Si 等合金元素提高淬透性、高温强度、抗热疲劳能力等。

（2）热处理特点及组织。热处理与调质钢相似，锻造后预备热处理采用退火，最终热处理是淬火+高温回火，组织为回火索氏体。

（3）性能及应用。良好的综合力学性能，如高的热强性和足够高的韧性，高的热硬性和高温耐磨性，高的热疲劳抗力和抗氧化能力，高的淬透性和良好的导热性。用于各种热变形模具。

（4）热作模具制造工艺路线。5CrMnMo 钢制热锻模具的工艺路线：下料→锻造→退火→粗切削加工→淬火+回火→精切削加工（修形或抛光）。

（5）常用钢种。常用热作模具钢的牌号、化学成分、热处理、力学性能和用途见表 6-14。

表 6-14　常用模具钢的牌号、化学成分、热处理、力学性能和用途

类别	牌号	数字代号	化学成分（质量分数）/%									力学性能			用途举例
			C	Si	Mn	P	S	Cr	W	Mo	V	HBW（交货状态）	淬火 温度及介质	淬火 HRC	
冷作模具钢	Cr12	T21200	2.00～2.30	≤0.40	≤0.40	≤0.030	≤0.030	11.50～13.00				269～217	950～1000 油	≥60	冷冲模冲头、冷切剪刀（硬薄的金属）、钻套、量规、螺纹滚模、冶金粉模、料模、拉丝模、木工切削工具等
	Cr12MoV	T21201	1.45～1.70					11.00～12.50		0.40～0.60	0.15～0.30	255～207		≥58	冷切剪刀、圆锯、切边模、滚边模、缝口模、标准工具与量规、拉丝模、螺纹滚模等
	6CrW2Si	T40126	0.55～0.65	0.50～0.80				1.10～1.30	2.20～2.70			285～229	860～900 油	≥57	耐冲击钢，制作在冲击条件下工作的冷作模具
热作模具钢	5CrNiMo	T20103	0.50～0.60		0.50～0.80			0.50～0.80		0.15～0.30	Ni：1.40～1.80	241～197	830～860 油	≥60	中型锻模等
	5CrMnMo	T20102		0.35～0.60	1.20～1.60			0.60～0.90		0.15～0.30			820～850 油	≥60	中小型锻模等
	3Cr2W8V	T20280	0.30～0.40	≤0.40	≤0.40			2.20～2.70	6.70～7.50	4.70～9.00	0.20～0.50	≤255	1075～1125 油	≥60	高应力压模、螺钉或铆钉热压模、热剪切刀、压铸模等

（三）合金量具钢

1. 成分、性能及应用

量具钢为高碳钢，以保证其工作部分具有高的硬度和耐磨性，在长期使用过程中不因磨损而失去原有的精度。量具钢可用于制造各种测量工具，如卡尺、千分尺、块规、塞规等，图 6-8 为千分尺量具的形状。

图 6-8　千分尺量具的形状

2. 热处理及组织

量具钢预备热处理为球化退火，最终热处理为淬火+低温回火。为保证其硬度及尺寸稳定性，量具淬火后进行-70～-80 ℃的冷处理，使残余奥氏体尽可能地转变为马氏体，然后进行低温回火。精度要求高的量具，淬火回火后，再在 120～130 ℃进行几小时至几十小时的时效处理，以进一步提高其尺寸稳定性。最终组织为回火马氏体及粒状碳化物。

3. 量具制造工艺路线

CrWMn 钢制块规的工艺路线为：下料→锻造→球化退火→粗切削加工→淬火→冷处理→低温回火→粗磨→低温人工时效处理→精磨→去应力回火→研磨。

六、特殊性能钢

特殊性能钢是指具有特殊的物理、化学性能的钢，如不锈钢、耐热钢和耐磨钢等。

（一）不锈钢

不锈钢是指在大气、酸、碱或盐的水溶液等腐蚀介质中具有高度稳定性的钢。

金属的腐蚀通常可分为化学腐蚀和电化学腐蚀两类。金属直接与周围介质发生化学反应而产生的腐蚀称为化学腐蚀；而金属在电解质溶液中由于原电池作用产生电流而引起的腐蚀称为电化学腐蚀。大部分金属的腐蚀都属于电化学腐蚀、当两种电极电位不同的金属互相接触，且有电解质溶液存在时，将形成原电池，使电极电位较低的金属成为阳极并不断被腐蚀。在同一合金中，也有可能形成微电池而产生电化学腐蚀，例如，钢中渗碳体的电极电位比铁素体的高，当存在电解质溶液时，铁素体成为阳极而被腐蚀。

要提高钢的抗腐蚀能力，可采取以下措施：

一是加入合金元素，使钢在室温下为单相的铁素体、单相的奥氏体或单相的马氏体组织，这样可减少构成微电池的条件，从而提高钢的耐蚀性。

二是加入合金元素，提高钢中基本相的电极电位。

三是加入合金元素，在钢的表面形成一层致密的、牢固的氧化膜，使钢与周围介质隔绝，提高抗腐蚀能力。

不锈钢按正火状态的组织，可分为马氏体不锈钢、铁素体不锈钢、奥氏体不锈钢等。

1. 铁素体不锈钢

常用铁素体不锈钢的含碳量低于 0.12%，含铬量为 12%～18%。典型牌号有 1Cr17 等。

这类钢为单相铁素体组织，耐蚀性、焊接性好，塑性好，强度低。主要用于制造耐蚀而强度要求较低的化工设备的容器、管道等，广泛用于硝酸和氮肥工业中。

2. 马氏体不锈钢

常用马氏体不锈钢的含碳量为 0.1%～0.4%，含铬量为 12%～14%。典型牌号有 12Cr13、20Cr13、30Cr13、40Cr13 等。随含碳量增加，强度增加，但由于碳与铬化合使基体中铬量降低造成耐蚀性下降。

这类钢在氧化性介质如大气、水蒸气、海水氧化性酸等中具有较好的耐蚀性，一般用来制造既能承受载荷又需要耐蚀性的零件。1Cr13、2Cr13 在锻造空冷后组织中出现马氏体，硬度较高，锻后应退火软化，最终热处理为调质状态的回火索氏体组织，用于汽轮机叶片、水压机阀门、螺栓、螺母等。而 3Cr13、4Cr13 最终热处理为淬火及低温回火状态，组织为回火马氏体，用于要求硬度和耐磨性的手术钳、医用镊子、手术剪刀等。

3. 奥氏体不锈钢

奥氏体不锈钢是目前应用最多的不锈钢，典型的钢种是 18-8 型镍铬不锈钢，含铬量为 18%左右，含镍量为 8%左右，如 12Cr18Ni9。此类钢的耐腐蚀性很好，冷热加工性和焊接性也很好，还具有一定的耐热性，广泛用于化工生产中的某些设备及管道等。

此类钢常用的热处理工艺是固溶处理，即把钢加热到 1100 ℃，使碳化物充分溶解，然后水冷，使单相奥氏体保留到室温，从而提高耐蚀性。对于含钛或铌的 18-8 型不锈钢，经固溶处理后再进行一次稳定化处理，可消除晶间腐蚀倾向。稳定化处理温度为 850～880 ℃，保温 6 h 左右，随后缓慢冷却，使碳几乎全部稳定于碳化钛或碳化铌中防止碳与铬形成 $(Cr, Fe)_{23}C_6$，提高基体中含铬量，从而提高基体的电极电位，提高耐蚀性。

常用不锈钢的牌号、化学成分和用途见表 6-15。

（二）耐热钢

钢的耐热性包括抗高温氧化性和高温强度两方面。

在钢中加入足够的铬、硅、铝等元素，使钢在高温下与氧接触时，表面能形成致密的高熔点氧化膜，严密覆盖在钢的表面，可以保护钢免于高温气体的继续腐蚀，提高钢的抗氧化能力。

表 6-15　常用不锈钢的牌号、化学成分和用途

类别	数字代号	新牌号（GB/T 221—2008）	旧牌号（GB/T 221—1979）	旧牌号（GB/T 221—2000）	化学成分（质量分数）/%						用途举例
					C	Si	Mn	Ni	Cr	其他	
奥氏体不锈钢	S30210	12Cr18Ni9	1Cr18Ni9	1Cr18Ni9	0.15	1.00	2.00	8.00~10.00	17.00~19.00		耐酸、碱、盐腐蚀的设备零件，建筑装饰
	S30403	022Cr19Ni10	00Cr19Ni10	03Cr19Ni10	0.030	1.00	2.00	8.00~12.00	18.00~20.00		野外露天机器、建材、耐热零件
	S31668	06Cr17Ni12Mo2Ti	0Cr18Ni12Mo2Ti	0Cr18Ni12Mo2Ti	0.08	1.00	2.00	10.00~14.00	16.00~18.00	Mo：2.00~3.00，Ti≥5*w*(C)	用于抗硫酸、磷酸、甲酸、乙酸腐蚀的设备
	S32168	06Cr18Ni11Ti	0Cr18Ni10Ti	0Cr18Ni10Ti	0.08	1.00	2.00	9.00~12.00	17.00~19.00	Ti：5*w*(C)~0.70	耐晶间腐蚀
铁素体不锈钢	S11348	06Cr13Al	0Cr13Al	0Cr13Al	0.08	1.00	1.00	0.60	11.50~14.50	Al：0.10~0.30	汽轮部件、淬火材料、复合钢材
	S11710	10Cr17	1Cr17	1Cr17	0.12	1.00	1.00		16.00~18.00		通用钢种、建筑装饰、家庭用具
	S11163	022Cr11Ti			0.030	1.00	1.00		10.50~11.70	Ti：0.15~0.50	汽车消音器、装饰
马氏体不锈钢	S42020	20Cr13	2Cr13	2Cr13	0.16~0.25	1.00	1.00		12.00~14.00	P：0.04，S：0.03	汽轮机叶片、水压机阀门
	S41010	12Cr13	1Cr13	1Cr13	0.15	1.00	1.00		11.50~13.50		石油精炼装置、螺栓、螺帽、餐具等
	S12030	30Cr13	3Cr13	3Cr13	0.26~0.35	1.00	1.00		12.00~14.00	P：0.04，S：0.03	阀门零件、轴承

高温强度通常用蠕变极限和持久强度来评定。高温工作的金属材料，在恒定应力作用下，即使应力小于屈服强度，也会缓慢地产生塑性变形的现象称为蠕变。蠕变极限通常是指在给定温度下和规定的试验时间内，使试样产生一定蠕变变形量的应力值。

为了提高钢的高温强度，通常采用以下几种措施：

一是加入铬、钼、钨等合金元素造成固溶强化，而且增大原子间的结合力，提高钢的再结晶温度，使热强性提高。

二是加入铌、钒、钛等，形成 NbC、VC、TiC 等碳化物，在晶内弥散析出，提高钢的热强性。

三是加入钼、锆、硼等元素以净化晶界和提高晶界强度，从而提高热强性。

按钢的正火状态下组织的不同，耐热钢可分为奥氏体耐热钢、珠光体耐热钢和马氏体耐热钢 3 类。

1. 奥氏体耐热钢

18-8 型镍铬不锈钢也常用作耐热钢。钢中加入的铬可提高抗氧化性和高温强度，镍使钢形成稳定的奥氏体，并与铬相配合提高高温强度，钛、钨、钼等是通过形成弥散的碳化物提高钢的高温强度。这类钢的耐热性能优于以上两种耐热钢，其冷成型性能和焊接性能均很好，工作温度在 600~700 ℃之间。

2. 铁素体耐热钢

这类钢是高合金耐热钢，合金元素总量可达 16%~18%。加入铬主要是为提高抗氧化性，加入铝和钒是为提高其高温强度。常用牌号有 1Cr17，最高使用温度可达 1082 ℃。

3. 马氏体耐热钢

马氏体不锈钢也常用作耐热钢。通常在 1Cr13 钢的基础上加入钼、钨、钒以提高再结晶温度和高温强度。工作温度不超过 600~650 ℃。这类钢主要用于制造汽轮机叶片和内燃机气阀等。

常用耐热钢的牌号、化学成分和用途见表 6-16。

表 6-16　常用耐热钢的牌号、化学成分和用途

类别	牌号 GB/T 221—2008	数字代号	化学成分（质量分数）/%						用途举例
			C	Si	Mn	Ni	Cr	其他	
铁素体耐热钢	10Cr17	S11710	0.12	1.00	1.00	0.60	16.00~18.00	P：0.04，S：0.03	900 ℃以下耐氧化部件、散热器、喷油嘴
马氏体耐热钢	14Cr11MoV	S46010	0.11~0.18	0.50	0.60	0.60	10.00~11.50	Mo：0.50~0.70，V：0.25~0.40	轮机叶片及导向叶片等
	15Cr12WMoV	S47010	0.12~0.18	0.50	0.50~0.90	V:0.15~0.30	11.00~13.00	W：0.10~0.70，Mo：0.50~0.70	轮机叶片、紧固件、转子及轮盘等
	40Cr10Si2Mo	S48140	0.35~0.45	1.90~2.60	0.70	0.60	9.00~10.50	Mo：0.70~0.90	内燃机进气阀、轻负荷发动机的排汽阀等
	42Cr9Si2	S48040	0.35~0.50	2.00~3.00	0.70	0.60	8.00~10.00		

续表 6-16

类别	牌号 GB/T 221—2008	数字代号	化学成分（质量分数）/%						用途举例
			C	Si	Mn	Ni	Cr	其他	
奥氏体耐热钢	07Cr19Ni11Ti	S32169	0.04~0.10	0.75	2.00	9.00~13.00	17.00~20.00	Ti：4w(C)~0.60	锅炉、汽轮机过热汽管道等
	45Cr14Ni14W2Mo	S32590	0.40~0.50	0.80	0.70	13.00~15.00	13.00~15.00	W：2.00~2.75，Mo：0.25~0.40	内燃机重负荷排汽阀等

（三）耐磨钢

耐磨钢是指在承受严重磨损和强烈冲击时具有很高抗磨损能力的钢。目前应用最多的耐磨钢是高锰钢。

高锰钢的主要成分为：含碳量0.9%~1.5%，含锰量11%~14%。由于机械加工困难，高锰钢主要用于制造铸件，牌号为ZGMn13-1等，“-”后数字表示序号。

高锰钢的热处理为“水韧处理”，即把钢加热到1060~1100 ℃，使碳化物全部溶解，然后迅速水淬，在室温下获得均匀单一奥氏体组织。此时钢的硬度很低（180~220 HBS），而韧性很高。

在工作中受到强烈冲击或强大压力而变形时，表面层产生强烈的加工硬化，并且还发生马氏体转变，使硬度显著提高（500~550 HBW），获得高的耐磨性；而心部仍为具有高韧性的奥氏体组织，能承受冲击。当表面磨损后，新露出的表面又可在冲击和磨损条件下获得新的硬化层，故高锰钢具有很高的耐磨性和抗冲击能力。广泛用于制造耐磨性要求特别高且在高冲击与高压力下工作的零件，如球磨机的衬板、挖掘机铲斗、拖拉机和坦克的履带板、铁路的道岔等耐磨零件。

任务三　合金元素在钢中的作用

【任务介绍】

本任务主要是掌握合金元素对钢的影响。

【相关知识】

合金元素加入钢中会对钢的组织和性能产生不同的作用。同时还会对合金相图和热处理产生影响。

合金元素是人为地加入钢中，能起到改善钢的组织和获得所需性能的元素，合金元素加入金属材料中会对材料的组织、性能产生影响。常用的有Mn、Si、Al、Cu、B、N、Cr、Ti、Ni、Mo、W、V、Co和稀土等。合金元素在其中的作用，主要表现为合金元素与合金组元如铁、碳之间的相互作用以及对铁碳相图和热处理相变过程的影响。

实际使用的非合金钢并不是单纯的铁碳合金，由于冶炼时所用原料以及冶炼工艺方法等影响，钢中总不免有少量其他元素存在，如Si、Mn、S、P等，这些元素一般作为杂质看待。它们的存在对钢性能也有较大影响。常加元素中：Mn 和 Si 是钢中的有益元素，有利于提高钢的强度和硬度，Mn 还可与硫形成化合物 MnS，消除硫的有害作用；S 和 P 是钢中的有害元素。S 在钢中以化合物 FeS 形式存在，其与 Fe 形成低熔点共晶体分布在晶界上。钢加热到 1000～1200 ℃进行锻压或轧制时，易晶界熔化，使钢在晶界开裂，这种现象称为热脆。P 在低温时会使材料塑性和韧性显著降低，这种现象称为冷脆。

一、合金元素对钢基本相的影响

室温条件下钢的基本相主要是铁素体和渗碳体。

大多数合金元素（如 Mn、Cr 等）能溶于铁素体，引起铁素体晶格畸变，产生固溶强化使铁素体的强度、硬度升高，塑性、韧性下降。

合金元素还可与碳（渗碳体）作用形成碳化物，这类元素称为碳化物形成元素，有 Fe、Mn、Cr、Mo、W、V、Nb、Z、T 等（按与碳亲和力由弱到强排列）。与碳的亲和力越强，形成的碳化物就越稳定，硬度就越高。由于与碳的亲和力强弱不同及含量不同，合金元素可以形成不同类型的碳化物：

（1）合金元素和铁元素对碳的亲和力相当时可形成合金渗碳体，如 $(Fe, Mn)_3C$、$(Fe, Cr)_3C$ 等。

（2）合金元素比铁元素对碳的亲和力较强时可形成合金碳化物，如 Cr_7C_3、Fe_3W_3C 等。

（3）合金元素比铁元素对碳的亲和力非常强时可形成特殊碳化物，如 WC、VC、MoC、TiC 等。

从合金渗碳体到特殊碳化物，稳定性及硬度依次升高。碳化物的稳定性越高，高温下就越难溶于奥氏体，也越不易聚集长大。随着碳化物数量的增加，钢的硬度、强度提高，塑性和韧性下降。非碳化物形成元素 Ni、Si、Al、Co、Cu 等与碳亲和力很弱，不形成碳化物。

二、合金元素对 $Fe\text{-}Fe_3C$ 相图的影响

$Fe\text{-}Fe_3C$ 相图是以铁和碳两种元素为组元的合金相图。如果在这两种元素的基础上加入定量的合金元素，必将使 $Fe\text{-}Fe_3C$ 相图的相区和转变点等发生变化。

（一）合金元素对奥氏体相区的影响

Ni、Mn 等合金元素使单相奥氏体区扩大，即使 A_1 线、A_3 线下降。若其含量足够高，可使单相奥氏体区扩大至常温，即可在常温下保持稳定的单相奥氏体组织。利用合金元素扩大奥氏体相区的作用可生产出奥氏体钢。

C、Si、Al、Mo、Ti 等合金元素使单相奥氏体区缩小，即使 A_1 线、A_3 线升高，当其含足够高时，可使钢在高温与常温均保持铁素体组织，这类钢称为铁素体钢。

（二）合金元素对 S、E 点的影响

合金元素会使 $Fe\text{-}Fe_3C$ 相图中的 S 点和 E 点向左，即使钢的共析含碳量和奥氏体对碳

最大溶解度降低。若合金元素含量足够高，可以在 $w(C)=0.4\%$ 的钢中产生过共析组织，$w(C)=1.0\%$ 的钢中产生莱氏体。例如，在含碳量为 0.7%～0.8% 高速钢的铸态组织中就有莱氏体，故称为莱氏体钢。

三、合金元素对钢热处理的影响

合金元素对钢热处理的影响主要表现在加热、冷却和回火转变 3 个方面。

（一）加热时对奥氏体化及奥氏体晶粒长大的影响

合金钢的奥氏体形成过程基本上与非合金钢相同，但合金钢的奥氏体化比非合金钢需要的温度更高，保温时间更长。由于高熔点的合金碳化物、特殊碳化物（特别是 W、Mo、V、Ti 等的化合物）的细小颗粒分散在奥氏体组织中，阻碍其晶粒长大，所以热处理加热合金钢时一般不宜过高。

（二）冷却时对过冷奥氏体稳定性的影响

除 Co 元素以外，大多数合金元素（Si、Mn、B、Cr、Ni、Mo 等）溶于奥氏体后都使钢的过冷奥氏体稳定性提高，从而使钢的淬透性提高。因此，一方面有利于大截面零件的淬透，另一方面可采用较缓和的冷却介质淬火，有利于降低淬火应力，减少变形、开裂。有的钢中提高淬透性元素的含量大，则其过冷奥氏体非常稳定，甚至在空气中冷却也能形成马氏体组织，故可称其为马氏体钢。除 Co、Al 以外，大多数合金元素都使 M_s 点下降，并增加残余奥氏体量。

（三）对回火转变的影响

由于淬火时溶入马氏体的合金元素阻碍马氏体的分解所以合金钢回火到相同的硬度，需要比非合金钢更高的加热温度，此时合金元素提高了钢的耐回火性（淬火钢在回火时抵抗强度、硬度下降的能力，也称回火稳定性）。

在高合金钢中，W、Mo、V 等强碳化物形成元素在 500～600 ℃ 回火时，会形成细小弥散的特殊碳化物，使钢回火后硬度有所升高；同时淬火后残余的奥氏体在回火冷却过程中部分转变为马氏体，使钢回火后硬度显著提高；这两种现象都称为“二次硬化”。高的耐回火性和二次硬化使合金钢在较高温度（500～600 ℃）仍保持高硬度（≥60 HRC），这种性能称为热硬性。热硬性对高速切削刀具及热变形模具等非常重要。合金元素对淬火钢回火后力学性能的不利影响主要是回火脆性。这种脆性主要在含 Si、Mn、Cr、Ni 的调质钢中出现，而 Mo 和 W 可降低这类回火脆性。

思考题与习题

6-1 普通碳素结构钢、优质碳素结构钢和碳素工具钢的牌号如何表示，有何特点？

6-2 何谓合金元素，它在钢中的存在形式有哪些？

6-3 合金元素在钢中的作用有哪些，对钢的性能有何影响？

6-4 合金化后强度、硬度、塑性、韧性有何变化？

6-5 常见的合金元素如何影响晶粒度的大小（至少举出 3 个）？

6-6 哪些元素可以提高淬透性，原因是什么？

6-7 优质碳素结构钢和合金结构钢都可以用来制作齿轮，一般如何选择？

6-8 合金元素提高耐回火性对实际应用有何益处？

6-9 把合金元素含量很高的合金钢（如 Cr12）零件，整体加热至完全奥氏体化后，放入油中冷却，能否达到淬硬的目的，为什么？

6-10 指出下列牌号的钢种、含碳量、合金元素含量，并分析辨别它们的方法。

Q235AF 45 T8 20CrMnTi 65Mn 9SiCr CrWMn GCr15 W6Mo5Cr4V2 Cr12 12Cr13 12Cr18Ni9 ZGMn13

项目七　铸　　铁

【项目导论】

在铁碳合金相图中我们学到含碳量达到2.11%以上的铁碳合金称为白口铸铁，工业生产中的铸铁，还经常含有Si、Mn等元素，力学性能远低于钢，因而在实际生产中经常采用石墨化的手段将白口铸铁中的Fe_3C转变为石墨，通过石墨给铸铁带来一些钢所无法比拟的特殊性能，并广泛用于机械制造、冶金、交通等行业。本项目主要介绍铸铁的分类、石墨化及常用铸铁的石墨形态、性能、热处理及应用。

本项目的重点是各类型铸铁的性能及应用。难点是石墨形态对铸铁性能的影响。

【任务分解】

表7-1　项目七任务解析

任务序号	任务名称	任务主要内容	建议课时	备注
任务一	概述	了解铸铁的分类及石墨化	2	中高职使用
任务二	常用铸铁	普通灰铸铁、球墨铸铁、可锻铸铁、蠕墨铸铁	8	中高职使用
任务三	合金铸铁（特殊性能铸铁）	耐磨铸铁、耐蚀铸铁、耐热铸铁	2	中高职使用
任务四	铁碳合金非平衡组织观察	制作金相试样、观察金相组织	1	中高职使用

任务一　概　　述

【任务介绍】

本任务主要是了解铸铁的成分、分类及石墨化。

【相关知识】

铸铁是含碳量大于2.11%且含有硅、锰、磷、硫等合金元素的铁碳合金。铸铁的抗拉强度、塑性、韧性较低，但却具有优良的铸造性能、切削加工性能、减振耐磨性等，生产成本较低，其应用广泛，铸铁件的总量在生产机械中占有很高的比例。

一、铸铁的成分及铸铁中碳的存在形式

（一）铸铁的成分

与碳钢相比，铸铁含有更高的碳和硅以及硫、磷等杂质元素，常用铸铁的成分为

w(C)= 2.5%~4%；w(Si) = 1%~3%；w(Mn) = 0.5%~1.4%；w(S) = 0.05%~0.2%；w(P)= 0.05%~0.5%。

（二）铸铁中碳的存在形式

铸铁中含有较多的碳，碳除少量溶于铁素体外，其余大部分因结晶条件不同而以渗碳体或者石墨（G）的形式存在。渗碳体是一个亚稳定相，加热到高温可分解为铁素体和石墨，即 $Fe_3C \rightarrow 3Fe+C(G)$。石墨是碳的稳定相，其晶体结构为简单六方晶格，如图 7-1 所示，原子呈层状排列，同层的原子间距较小（1.42×10^{-10} m），结合力较强，而层与层之间间距较大（3.4×10^{-10} m），结合力较弱，易滑移，故石墨常生长成片状，其强度、硬度、塑性、韧性极低，是铸铁中的脆弱相。

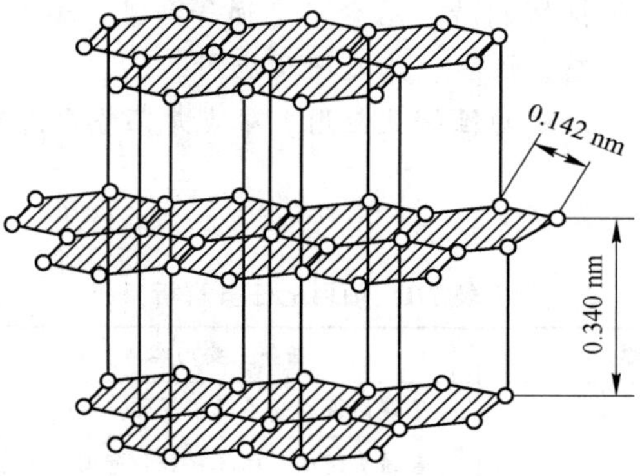

图 7-1　石墨的晶体结构

铸铁中碳、硅含量越高，从铸铁中析出石墨的可能性越大；碳、硅含量越低，从铸铁中析出渗碳体的可能性越大。在共析温度以上的高温，从铸铁中析出石墨的可能性较大；在共析温度以下的低温，析出渗碳体的可能性较大。冷却速度越慢，从铸铁中析出石墨的可能性越大；冷却速度越快，析出渗碳体的可能性越大。

二、铸铁的石墨化

铸铁中的碳除极少量固溶于铁素体外，其他大部分碳以两种形式存在：一是以碳化物状态，如渗碳体（Fe_3C）及合金铸铁中的其他碳化物；二是游离状态，即石墨（以 G 表示）。石墨的晶格类型为简单六方晶格，如图 7-1 所示，其层面中的原子距离较近，结合力也较强，而两基面之间的原子距离较远，结合力也较弱，所以石墨的层面很容易滑动，其强度、硬度、塑性和韧性极低，其形态常自然生长呈片状存在。

铸铁组织中石墨的形成过程我们称之为铸铁的石墨化过程。铸铁的石墨化常有两种形成方式。第一种是石墨直接从液态合金和奥氏体中析出，第二种是渗碳体在一定条件下分解出石墨。铸铁的组织取决于石墨化过程进行的程度，而影响石墨化的主要因素是铸铁本身的化学成分和石墨化的冷却速度。

如铸铁中的碳和硅元素含量越高，石墨化过程进行得就越充分。而硫是强烈阻碍石墨化的元素，并降低铁水的流动性，使铸铁的铸造性能降低，其含量应尽可能降低。锰也是阻碍石墨化的元素。但它和硫有很强的亲和力，在铸铁中能与硫形成化合物 MnS，减弱硫对石墨化的有害作用。

冷却速度也是铸铁石墨化的主要影响因素。冷却速度越低，越有利于石墨化的进程。冷却速度受到铸型材料、铸造方法和铸件壁厚等因素的影响。如，金属型铸造比砂型铸造冷却更快，砂型铸造冷却较慢；壁薄的铸件冷却快，容易形成白口铸铁组织，如需得到灰铸铁组织，应增加铸铁的碳、硅含量。壁厚的冷却慢，对于薄壁铸件，厚大的铸件，为避免得到过多的石墨，应适当减少铸铁的碳、硅含量。

三、铸铁的分类

按碳的存在形式不同，铸铁可分为以下 3 类：

(1) 白口铸铁。碳大部分以渗碳体形式存在，断口呈银白色，故称白口铸铁。Fe-Fe_3C 相图中的亚共晶、共晶、过共晶合金即属于这种铸铁，其组织中都存在共晶莱氏体（渗碳体作为基体占大部分），性能硬而脆，很难切削加工，很少直接用来制造零件。

(2) 灰口铸铁。碳大部分以石墨形式存在，断口呈暗灰色，故称灰口铸铁。灰口铸铁具有良好的切削加工性能、减摩性、减振性及铸造性能，熔炼工艺及设备简单，成本低，是目前工业中广泛应用的一类铸铁。灰口铸铁中按石墨形态不同，又可分为灰铸铁（石墨呈片状）、蠕墨铸铁（石墨呈蠕虫状）、可锻铸铁（石墨呈团絮状）、球墨铸铁（石墨呈球状）。图 7-2 为 4 种灰口铸铁组织中的石墨形态（未侵蚀，基体组织未显示）。

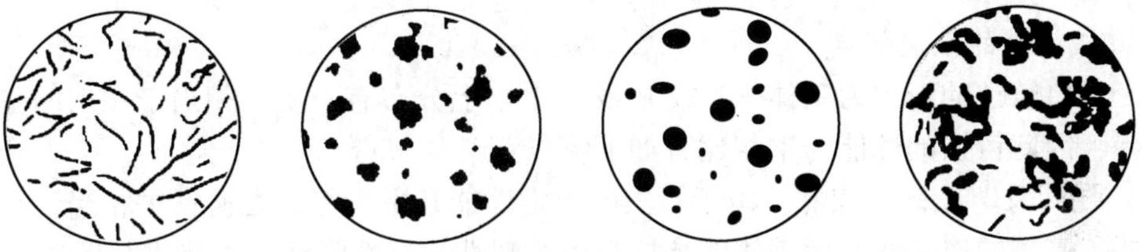

图 7-2　灰口铸铁中石墨的形态

(3) 麻口铸铁。碳一部分以渗碳体形式存在，另一部分以石墨形式存在，断口上呈黑白相间的麻点，故称麻口铸铁。这类铸铁也具有较大的硬脆性，很少使用。

四、灰口铸铁

（一）灰口铸铁的组织

铸铁一般为共晶或亚共晶成分，下面以亚共晶铸铁为例，用铁碳双重相图分析其结晶组织，如图 7-3 所示。图中亚共晶铸铁从高温冷却到液相线时，从液体中开始结晶，析出奥氏体 A，即 L→A。冷却到共晶温度时，由于温度较高，常按 Fe-G 相图进行共晶转变，即 L→(A+G)，共晶转变结束时组织为 A+(A+G)。从共晶转变温度继续冷却时，温度仍较高，一般还按 Fe-G 相图进行转变，从 A 中析出石墨 G。到共析温度时，奥氏体 A 可以按 Fe-G 相图进行共析转变（冷速慢时），即 A→(F+G)，共析转变结束时组织为 F+G；奥氏体 A 也可以按 Fe-Fe_3C 相图进行共析转变（冷速快时），即 A→P(F+Fe_3C)，共析转变结束时组织为 P+G；奥氏体 A 也可以一部分按 Fe-G 相图进行共析转变，另一部分按 Fe-

Fe_3C 相图进行共析转变，共析转变结束时组织为 F+P+G。在共析转变温度以下，铸铁的组织基本不再发生变化。因此，铸铁的组织是在 F 基体或 P 基体或 F+P 基体上分布有石墨。

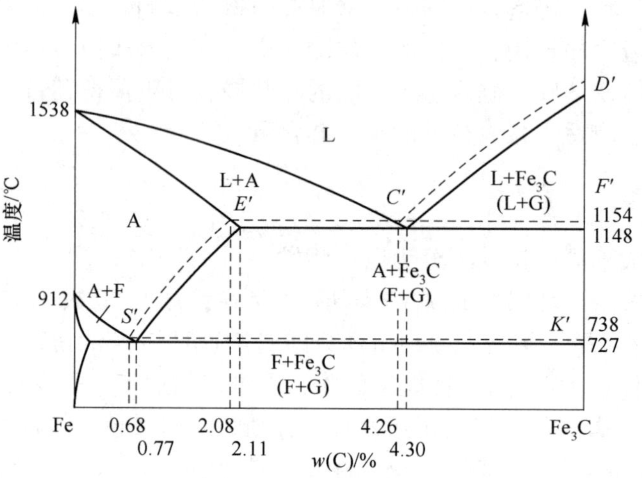

图 7-3　铁碳合金双重相图

（二）灰口铸铁的性能

1. 灰口铸铁的性能特点

由于灰口铸铁的组织为基体（F 或 P 或 F+P）上分布有石墨，相当于在钢的基体上分布有石墨，因此铸铁的性能与钢相比有如下特点。

（1）强度及塑、韧性较低。由于石墨的力学性能几乎为零，在铸铁中相当于孔洞和裂纹，破坏了基体的连续性，使基体的抗拉强度、塑性、韧性降低，不能进行锻造。

（2）耐磨性较高。铸铁中含有较高的硅、锰合金元素，由于固溶强化作用使得铸铁基体的硬度高于钢；另外，由于铸铁中石墨的自润滑作用，使铸铁具有较高的耐磨性及减摩性。

（3）减振性能好。由于石墨组织松软，能吸收振动，使铸铁减振性好。

（4）铸造性能好。铸铁一般为共晶或接近共晶的亚共晶成分，流动性较好；另外，铸铁的浇注温度低，且结晶过程中析出石墨时有一定膨胀作用，使其铸造收缩率较小，故铸铁的铸造性能优于钢。

（5）切削加工性能好。石墨对基体的割裂作用，使铸铁在切削加工时切屑易脆断，加上石墨的润滑作用，使铸铁切削加工性能好。

（6）缺口敏感性低。石墨本身相当于许多微小缺口，使铸铁具有较低的缺口敏感性。

2. 石墨对灰口铸铁性能的影响

灰口铸铁的性能受石墨形状、大小、数量、分布等的影响。石墨形状为片状、蠕虫状、团絮状、球状时，对基体的割裂作用依次降低，因此在其他条件相同时，灰铸铁、蠕墨铸铁、可锻铸铁、球墨铸铁的强度、塑性、韧性等力学性能依次增加。石墨数量越多、尺寸越大、分布越不均匀，对基体的割裂作用越大，其力学性能越差。

3. 基体组织对灰口铸铁性能的影响

在石墨形状、大小、数量、分布等相同的条件下，铁素体基体、铁素体+珠光体基体、珠光体基体的铸铁强度、硬度依次增加，塑性、韧性依次减小。

（三）灰口铸铁的应用范围

灰口铸铁由于有许多性能优点，而且成本较低，应用非常广泛。主要用于铸造形状复杂、受力较大的箱体类铸件（减速器箱体及箱盖、发动机汽缸体及缸盖等）、壳体类铸件（如风机、电机、水泵、阀门等的外壳）、减振性及耐磨性要求较高的机床床身、工作台等。

4 种灰口铸铁中的灰铸铁、蠕墨铸铁、可锻铸铁、球墨铸铁的性能各不相同，应用范围也有区别，后面将分别介绍。

（四）灰口铸铁的热处理

热处理可以改变灰口铸铁的基体组织，但不能改变石墨的形状、大小和分布。不同种类的灰口铸铁性能不同，热处理形式也不同，后面将分别介绍。

任务二　常用铸铁

【任务介绍】

本任务主要是掌握 4 种常用铸铁的成分组织、性能、热处理、牌号及应用。

【相关知识】

为了获得不同形态的石墨，使铸铁具有不同的性能，经常在铁液中加入孕育剂等。常见的石墨形态有片状、球状、团絮状和蠕虫状 4 种，获得的铸铁分别叫作普通灰铸铁、球磨铸铁、可锻铸铁、蠕墨铸铁。

一、普通灰铸铁

灰铸铁生产工艺简单，铸造性能优良，是生产中应用最广的一种铸铁，约占铸铁总量的 80%。

（一）灰铸铁的成分

灰铸铁的化学成分一般为 $w(C)=2.7\%\sim3.6\%$；$w(Si)=1.0\%\sim2.5\%$；$w(Mn)=0.5\%\sim1.3\%$；$w(P)<0.3\%$；$w(S)<0.15\%$。

（二）灰铸铁的组织

灰铸铁的组织为基体（铁素体或珠光体或铁素体+珠光体）+片状石墨。图 7-4 为 3 种基体的灰铸铁的组织。

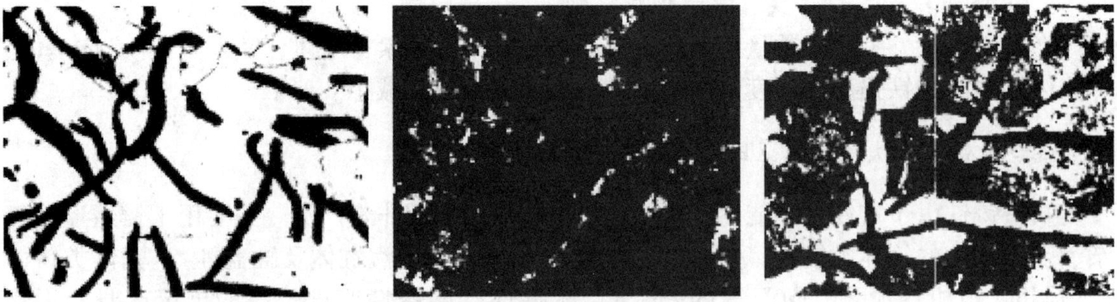

图 7-4　不同基体灰铸铁的显微组织

（三）灰铸铁的性能及应用

由于灰铸铁组织中的石墨呈片状，石墨尖端造成的应力集中较大，因此灰铸铁的强度、塑性、韧性明显低于其他种类的灰口铸铁。生产中为提高灰铸铁的强度及塑韧性，可采用变质处理（也称孕育处理），即在铸铁浇注前向铁水中加入4%左右的变质剂（硅铁或硅钙合金），使凝固过程中石墨的形核率提高，以获得细小的石墨片。此外，为提高灰铸铁的强度，还可控制铸造的冷却速度，得到珠光体基体的灰铸铁。

因为抗压强度受石墨片的影响较小，灰铸铁的抗压强度比较高，约为抗拉强度的3~4倍，故灰铸铁适宜制造承受简单压应力和要求减振性的零件，如机床床身、底座、支柱等；由于灰铸铁工艺简单、成本低，常用于铸造受力不大、结构形状复杂的箱体和壳体零件，如电机、风机、水泵等壳体；也常用作耐磨零件，如导轨、工作台等。孕育铸铁适用于制造性能要求较高、截面尺寸变化较大的大型铸件。

（四）灰铸铁的热处理

灰铸铁本身强度较低，一般不进行淬火强化热处理。热处理的目的一般是消除铸造内应力、改善切削加工性能，有时是为提高表面的硬度和耐磨性。

1. 去应力退火

铸造过程中，由于铸件各部位冷速不同使铸件内部产生内应力，使用时有可能造成铸件的变形甚至开裂。故对大型或形状复杂的灰铸铁件，常进行去应力退火：将铸件缓慢加热至500~600 ℃保温，然后随炉冷却至200 ℃以下出炉。生产中有时也可采用自然时效或振动时效以消除铸造内应力。

2. 退火

铸件的薄壁处或表面由于冷却速度大，铸造时易出现白口组织，使铸件的硬度增加，造成切削加工困难。常对铸件进行退火热处理：将铸件加热至850~950 ℃保温2~5 h，使白口组织中的渗碳体在高温下分解，然后随炉缓冷至400~500 ℃出炉。这样可降低硬度，改善切削加工性能。

3. 表面淬火

对于要求耐磨的铸件，如缸套、机床导轨等，为提高其铸件表面的硬度和耐磨性，可进行表面淬火，常采用火焰加热表面淬火或电接触加热表面淬火。

（五）灰铸铁的牌号、力学性能及用途

灰铸铁的牌号、力学性能及用途见表7-2。牌号中的“HT”是“灰铁”两字的汉语拼音字首，后面的数字表示最低抗拉强度，如HT200表示最低抗拉强度为200 MPa的灰铸铁。灰铸铁的强度与铸件的壁厚有关，同一牌号的铸铁，随壁厚的增加，强度和硬度下降。

表7-2　灰铸铁的牌号、力学性能及用途

灰铸铁类别	牌号	力学性能		用途举例
		R_m/MPa	硬度(HBS)	
铁素体基体	HT100	80~130	82~166	适用于载荷小、对摩擦和磨损有较低的零件，手轮、底板、机床底座
铁素体+珠光体	HT150	120~175	105~205	承受中载荷零件，机座、支架、箱体、带轮、泵体、飞轮
珠光体基体	HT200	160~220	129~236	承受大载荷、耐蚀的零件，汽缸、齿轮、床身、活塞、阀体
孕育铸铁	HT300	230~290	161~272	承受高载荷、耐磨、高气密性零件，重型机床、剪床、压力机

二、球墨铸铁

球墨铸铁是在浇注前，向一定成分的铁液中加入一定量的球化剂（一般为稀土镁合金）进行球化处理，并加入硅铁孕育剂进行孕育处理、使石墨形成球状而得到的铸铁。

（一）球墨铸铁的化学成分

为保证获得形状圆整、分布均匀的球状石墨，球墨铸铁中的碳和硅含量一般高于灰铸铁，并需严格控制硫与磷含量。其成分为 $w(C)=3.6\%\sim3.9\%$；$w(Si)=2\%\sim3.1\%$；$w(Mn)=0.6\%\sim0.8\%$；一般 $w(S)<0.07\%$，$w(P)<0.1\%$。

（二）球墨铸铁的组织

球墨铸铁的组织为基体（铁素体或珠光体或铁素体+珠光体）+球状石墨。图7-5为球墨铸铁的组织。

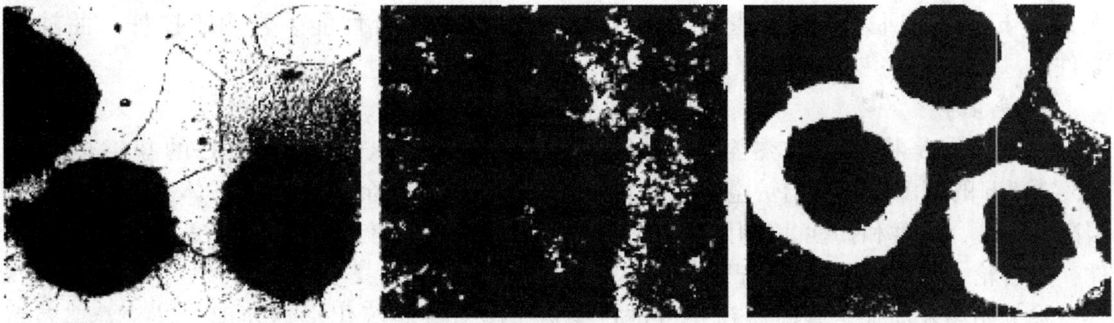

图7-5　球墨铸铁的显微组织

（三）球墨铸铁的性能及应用

球墨铸铁组织中的石墨为球状，石墨边缘的应力集中小，对基体的割裂作用也较小，所以球墨铸铁的强度、塑韧性等力学性能高于灰铸铁、蠕墨铸铁及可锻铸铁。

珠光体基体的球墨铸铁抗拉强度、屈服强度和疲劳强度可与钢媲美，可用于制造柴油机曲轴、连杆、齿轮、凸轮、涡轮等。铁素体基体的球墨铸铁塑性和韧性较高，可用于制作受压阀门、机器底座、汽车后桥壳等。

（四）球墨铸铁的热处理

铸态下的球墨铸铁基体组织通常为铁素体+珠光体，通过热处理可获得其他的基体组织。还可通过热处理强化基体的组织，进一步改善球墨铸铁的力学性能。

1. 高温退火

当铸态组织中有游离状的渗碳体时，采用高温退火：将铸件加热至 900~950 ℃保温 2~5 h，使游离状渗碳体和基体中渗碳体分解为石墨和铁素体，随后缓慢冷却至 600 ℃出炉。高温退火可改善球墨铸铁的加工性能并提高其塑性、韧性。

2. 低温退火

当铸态组织中无游离状渗碳体时，采用低温退火：将铸件加热至 700~760 ℃，保温 3~6 h，使基体中的渗碳体分解为铁素体和石墨，随炉缓冷至 600 ℃出炉。低温退火的目的也是改善球墨铸铁的加工性能及塑性、韧性。

3. 去应力退火

球墨铸铁的收缩率较大，铸造内应力较大，对于不再进行其他热处理的球墨铸铁件，一般要将其加热至 500~620 ℃，保温 2~8 h，然后随炉缓冷，以消除铸造内应力。

4. 正火

正火的目的是增加基体中珠光体的数量，并细化珠光体组织，获得珠光体基体或珠光体+铁素体基体，提高强度、硬度和耐磨性。高温正火是将铸件加热至 900~950 ℃，保温 1~3 h，使基体组织全部奥氏体化，然后出炉空冷，使基体全部转变为珠光体组织；低温正火是将钢加热至 820~860 ℃，保温 1~4 h，使基体组织部分奥氏体化，然后出炉空冷，使基体组织转变为铁素体和珠光体。

5. 调质处理

调质处理是将铸件加热至 860~920 ℃，保温后油冷，然后在 550~620 ℃高温回火 2~6 h，获得回火索氏体基体，使铸铁具有良好的综合性能。常用于连杆、曲轴等零件。

6. 等温淬火

等温淬火是将铸件加热至 860~920 ℃，保温后放入 250~350 ℃的盐浴内进行 0.5~1.5 h 的等温，然后出炉空冷，获得下贝氏体+少量残余奥氏体的基体，使铸铁具有很高的强度、硬度和韧性。适用于尺寸不大、强韧性要求较高、尺寸精度要求较高的零件，如齿轮、滚动轴承套圈、凸轮轴等。

除上述热处理外，球墨铸铁还可进行渗氮、碳氮共渗等化学热处理，以改善其表面性能。

（五）球墨铸铁的牌号、力学性能及用途

球墨铸铁的牌号、力学性能及用途见表 7-3。牌号中“QT”是“球铁”二字的拼音字首，后面的两组数据分别为最低抗拉强度和最小伸长率。例如，QT600-3 表示最低抗拉强度为 600 MPa、最小伸长率为 3%的球墨铸铁。

表 7-3　球墨铸铁的牌号、力学性能及用途

牌号	力学性能				基体组织	用途举例
	R_m/MPa	$R_{p0.2}$/MPa	A/%	硬度(HBS)		
QT400-18	400	250	18	130~180	铁素体	承受冲击、振动的零件，汽车、拖拉机轮毂、差速器壳、输气管道、齿轮箱
QT450-10	450	250	10	160~210	铁素体	
QT500-7	500	320	7	170~230	铁素体+珠光体	传动轴飞轮、内燃机齿轮、火车厢轴瓦
QT600-3	600	370	3	190~270	铁素体+珠光体	承受大载荷、受力复杂零件，汽车、拖拉机曲轴、连杆、凸轮轴、磨床铣床车床的主轴、涡轮
QT700-2	700	420	2	225~305	珠光体	
QT900-2	900	600	2	280~360	贝氏体或回火马氏体	承受高强度，汽车后桥螺旋锥齿轮、减速器齿轮、内燃机曲轴

三、可锻铸铁

可锻铸铁一般是先浇注成白口铸铁，然后通过较长时间高温（900~980 ℃）石墨化退火，使渗碳体分解为团絮状石墨而得到的。石墨化退火时采用不同的冷却工艺，可获得铁素体基体可锻铸铁或珠光体基体可锻铸铁。

（一）可锻铸铁的成分

为保证浇注后获得全部白口组织，可锻铸铁的含碳量和含硅量一般较低。其化学成分为：$w(C)=2.2\%\sim2.8\%$；$w(Si)=1\%\sim1.8\%$；$w(Mn)=0.4\%\sim1.2\%$；$w(S)<0.18\%$；$w(P)<0.2\%$。

（二）可锻铸铁的组织

可锻铸铁的组织为基体（铁素体或珠光体或铁素体+珠光体）+团絮状石墨。图 7-6 为铁素体基体和珠光体基体的可锻铸铁的组织。

（三）可锻铸铁的性能及应用

可锻铸铁的组织中石墨为团絮状，对基体的割裂作用小于片状和蠕虫状石墨，故其强度、塑韧性等力学性能高于蠕墨铸铁。

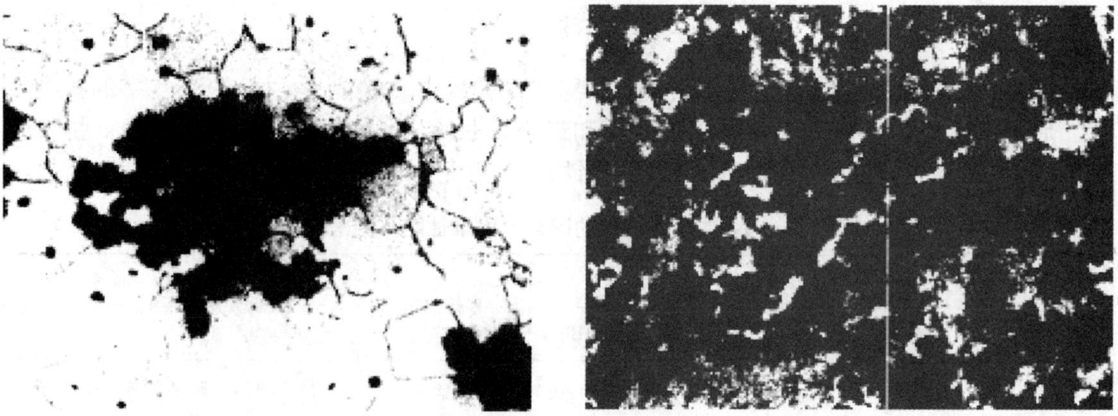

图 7-6　可锻铸铁的显微组织

铁素体基体的可锻铸铁具有较好的塑性和韧性，常用于制造薄壁、形状复杂且要求有一定韧性的小型铸件，如水管接头，汽车后桥壳、轮毂、差速器壳、散热器进水管等。珠光体基体的可锻铸铁具有较高的强度，可用于制造强度及韧性要求较高的曲轴、连杆、齿轮等零件。但由于石墨化退火工艺复杂，生产率低，可锻铸铁的应用受到一定限制，可采用球墨铸铁来代替。

（四）可锻铸铁的牌号、力学性能及用途

可锻铸铁的牌号、力学性能及用途见表 7-4。牌号中“KTH”表示黑心可锻铸铁（以铁素体为基体），“KTZ”表示珠光体可锻铸铁（以珠光体为基体）；符号后的第一组数据为最低抗拉强度值，第二组数据为最小伸长率。例如，KTZ550-04 表示最低抗拉强度为 550 MPa、最小伸长率为 4%的珠光体可锻铸铁。

表 7-4　可锻铸铁的牌号、力学性能及用途

种类	牌号	试样直径/mm	力学性能				用途举例
			R_m/MPa	$R_{p0.2}$/MPa	A/%	硬度(HBS)	
黑心可锻铸铁	KTH300-06	12 或 15	300	—	6	≤150	汽车、拖拉机后桥壳、转向机构壳体、制动器、中低压阀门、管接头、弯头、扳手、支架
	KTH330-08		330	—	8		
	KTH350-10		350	200	10		
珠光体可锻铸铁	KTZ450-06		450	270	6	150~200	承受载荷较高且耐磨的零件，曲轴、连杆、齿轮、凸轮轴、轴套、活塞环
	KTZ550-04		550	340	4	180~250	
	KTZ650-02		650	430	2	210~260	
	KTZ750-02		700	530	2	240~290	

四、蠕墨铸铁

蠕墨铸铁是近 50 多年发展起来的一种新型铸铁。它是在一定成分的铁水中加入适量蠕化剂（稀土镁合金）进行蠕化处理，并加入硅铁进行孕育处理，使石墨结晶为蠕虫状的铸铁。

（一）蠕墨铸铁的成分

蠕墨铸铁的成分特点为高碳、高硅、低磷、低硫。其化学成分一般为 $w(\mathrm{C})=3.5\%\sim3.9\%$；$w(\mathrm{Si})=2.1\%\sim2.8\%$；$w(\mathrm{Mn})=0.4\%\sim0.8\%$；$w(\mathrm{P})<0.1\%$；$w(\mathrm{S})<0.1\%$。

（二）蠕墨铸铁的组织

蠕墨铸铁的组织为基体（铁素体或珠光体或铁素体+珠光体）+蠕虫状石墨，如图 7-7 所示。

图 7-7　蠕墨铸铁的显微组织

（三）蠕墨铸铁的性能及应用

蠕墨铸铁中的石墨呈蠕虫状，与灰铸铁中的片状石墨相比，蠕虫状石墨的端部圆滑，且分布较均匀，其强度、塑韧性等力学性能高于灰铸铁，具有优良的耐热疲劳性能，而铸造性能、减振性能和导热性能与灰铸铁相近。

蠕墨铸铁主要用于承受热循环载荷、结构复杂、要求组织致密、强度和热疲劳性能要求高的铸件，如大功率柴油机进（排）气管、气缸盖、钢锭模、阀体、汽车和拖拉机底盘零件、玻璃模具等。

（四）蠕墨铸铁的热处理

蠕墨铸铁除了像灰铸铁那样可进行退火和表面淬火外，还常进行正火热处理，以细化基体的组织并提高基体组织中珠光体的含量，从而提高其强度。

（五）蠕墨铸铁的牌号及力学性能

常用蠕墨铸铁的牌号、力学性能见表 7-5。牌号中“RuT”是“蠕铁”二字的拼音字首，后面的数据为最低抗拉强度值。例如 RuT420 表示最低抗拉强度为 420 MPa 的蠕墨铸铁。

表 7-5 蠕墨铸铁的牌号、力学性能

牌号	力学性能				基体组织	蠕化率/%
	R_m/MPa	$R_{p0.2}$/MPa	A/%	硬度（HBS）		
RuT260	260	195	3.0	121~197	铁素体	不小于 50
RuT300	300	240	1.5	140~217	铁素体+珠光体	
RuT340	340	270	1.0	170~249	铁素体+珠光体	
RuT380	380	300	0.75	193~274	珠光体	
RuT420	420	335	0.75	200~280	珠光体	

任务三 合金铸铁（特殊性能铸铁）

【任务介绍】

本任务主要是了解耐磨铸铁、耐蚀铸铁、耐热铸铁的成分和应用。

【相关知识】

在铸铁中加入一定量的合金元素，使之具有某种特殊性能的铸铁称为合金铸铁。常用的有耐磨铸铁、耐热铸铁、耐蚀铸铁等。

一、耐磨铸铁

耐磨铸铁是指具有较好的耐磨性或减磨性的铸铁。通常加入铜、钼、锰、磷等合金元素以形成一定数量的硬化相，提高其耐磨性能。主要有冷硬铸铁、合金白口铸铁、中锰球铁、高磷铸铁等。

（1）冷硬铸铁。其是采用激冷的方法使铸件的表面或局部获得白口组织，从而具有高的硬度和耐磨性。可用于制作车轮、轧辊等。

（2）合金白口铸铁。其是在白口铸铁中加入铬、钼、钨、钒、硼等元素，使之形成碳化物或合金渗碳体，提高抗磨性。根据加入的铬元素的含量，分为低铬白口铸铁（$w(\mathrm{Cr})<2\%$）和高铬白口铸铁（$w(\mathrm{Cr})>11\%$）。

（3）中锰球铁。其是在球墨铸铁中加入 5%~9.5%的锰，经球化和孕育处理后适当控制冷却速度，获得马氏体及碳化物和球状石墨组织。可制作在干摩擦条件下工作的零件，如球磨机中的磨球、农机中的犁铧等。

（4）高磷铸铁。其是在珠光体灰铸铁中加入少量磷，使组织中形成高硬度的磷共晶，以提高其硬度和耐磨性。使用时，珠光体中的铁素体和石墨首先磨损形成凹坑起储油作用，而渗碳体可起支承作用。用于在润滑条件下工作的零件，如汽缸套、活塞环、机床导轨等。

二、耐热铸铁

耐热铸铁是指可在高温下使用的铸铁，应具有抗氧化性和抗热膨胀性。可在铸铁中加入铝、铬、硅等合金元素，使铸件的表面形成一层致密的氧化膜（SiO_2、Al_2O_3、Cr_2O_3），保护内层金属不被继续氧化。合金元素还可形成稳定的碳化物，提高铸铁的热稳定性。

耐热铸铁大多为铁素体基体的球墨铸铁。常用的耐热铸铁有中锰耐热铸铁、中硅球墨铸铁、高铝球墨铸铁、铝硅球墨铸铁和高铬耐热铸铁等。

耐热铸铁常用于制作加热炉底板、坩埚、热交换器等。

三、耐蚀铸铁

耐蚀铸铁是指能在腐蚀性环境中使用的铸铁。可加入硅、铝、铬等合金元素使铸件表面形成一层致密氧化膜，并提高铁素体基体的电极电位，从而提高耐腐蚀性能。

耐蚀铸铁主要有高硅耐蚀铸铁、高铝耐蚀铸铁、高铬耐蚀铸铁等。高硅耐蚀铸铁应用较广泛，这种铸铁在含氧酸中的耐蚀性不亚于1Cr18Ni9不锈钢，而在碱性介质中的耐腐蚀性较差，添加铜可提高其在碱性介质中的耐腐蚀性。

耐蚀铸铁广泛应用于化学工业，如管道、容器、阀门、泵体、反应釜、盛储器等。

任务四　铁碳合金非平衡组织观察

【任务介绍】

本任务要求学生按要求加工制作金相试样并通过金相显微镜观察其组织并分析组织性能。

【相关知识】

常用铸铁具有不同的石墨形态，石墨形态及基体组织不同，性能也不尽相同。通过辨别不同石墨形态区分不同类型铸铁，并观察其基体组织，确定该铸铁性能及应用。

一、实验任务

（1）制作铸铁金相试样；
（2）利用金相显微镜观察铸铁中石墨的不同形态；
（3）分析基体组织及性能特点；
（4）正确使用相关仪器设备。

二、实验设备与材料

（1）切割机、镶嵌机、砂轮机、金相砂纸、抛光机、腐蚀剂（3%～5%硝酸酒精溶液）、吹风机、脱脂棉；
（2）金相显微镜；

（3）不同基体的 HT、QT、KTZ。

三、实验原理

铸铁非平衡组织实验原理主要基于铁碳合金凝固过程中的成分与组织变化规律。

铸铁在非平衡凝固条件下，熔体沿液相线降低温度并改变成分至共晶区左侧，此时石墨开始析出。由于冷却速度较快，奥氏体核心优先在石墨周围形成，随后奥氏体向液相线方向生长，导致熔体成分重新回到共晶区，形成奥氏体+石墨共晶组织。

最终形成的非平衡凝固组织包含初生石墨、奥氏体枝晶及共晶团，形成复杂的多相结构。这种组织与平衡凝固状态下的铁素体+渗碳体组织有显著差异。

平衡凝固（如退火状态）时，组织按 $Fe\text{-}Fe_3C$ 相图进行转变，形成均匀的铁素体+渗碳体结构。而非平衡凝固因冷却速度控制不当，导致成分偏析和相分离，显著影响铸铁的力学性能。

通过观察非平衡凝固组织，可深入理解成分、组织与性能的关系，分析浇铸及处理条件对铸铁性能的影响，为优化工艺提供理论依据。

四、实验步骤

（1）制作金相试样。切割→精磨→硬度测定→镶嵌→精磨。
（2）金相组织观察。抛光→腐蚀→金相组织观察。
（3）确定合金类型并画出金相组织。

五、实验结果及报告

整理分析实验数据，书写实训报告。

思考题与习题

7-1 按照石墨形态不同，铸铁可分为哪几类？
7-2 简述石墨化过程。
7-3 对比分析 4 种铸铁的性能差异。
7-4 分析 4 种形态石墨的形成。
7-5 铁碳合金相图中学到的白口铸铁与生活生产中见到的铸铁有何区别？
7-6 按照碳的存在形式不同，铸铁分为哪几类？
7-7 灰口铸铁和钢相比具有哪些特性？
7-8 对比分析铸铁和钢的热处理。
7-9 常见合金铸铁有哪些？
7-10 简单比较合金铸铁和普通铸铁的性能。

参考文献

[1] 崔忠圻，覃耀春．金属学与热处理［M］．北京：机械工业出版社，2007.
[2] 王健安．金属学与热处理［M］．北京：机械工业出版社，1980.
[3] 王纪安．工程材料与材料成形工艺［M］．2版．北京：高等教育出版社，2004.
[4] 张文灼，赵宇辉．机械工程材料与热处理［M］．2版．北京：机械工业出版社，2016.